敏感型孩子的优势

王松 著

天津出版传媒集团

天津人民出版社

图书在版编目（CIP）数据

敏感型孩子的优势 / 王松著. -- 天津 : 天津人民
出版社，2023.10
ISBN 978-7-201-19695-4

Ⅰ.①敏… Ⅱ.①王… Ⅲ.①儿童－性格－培养
Ⅳ.①B844.1

中国国家版本馆CIP数据核字（2023）第156325号

敏感型孩子的优势

MINGANXING HAIZI DE YOUSHI

出　　版　天津人民出版社
出 版 人　刘　庆
地　　址　天津市和平区西康路35号康岳大厦
邮政编码　300051
邮购电话　（022）23332469
电子信箱　reader@tjrmcbs.com

责任编辑　郭晓雪
特约编辑　石胜利

制版印刷　三河市新科印务有限公司
经　　销　新华书店
开　　本　710毫米×1000毫米　1/16
印　　张　14
字　　数　170千字
版次印次　2023年10月第1版　2023年10月第1次印刷
定　　价　52.80元

序　言

◆总是"小题大做"，哪怕一点儿小事，也会做出很大反应。

◆适应力差，到了新环境或见到陌生人都会很紧张。

◆"玻璃心"，话稍微说得重了一点儿，立马就眼泪汪汪。

◆"公主病"，对什么都很挑剔。

◆情绪化，前一秒还阳光明媚，后一秒就阴云密布……

　　看，一提到"敏感"这两个字，我们就能挑出无数个让人头疼的问题。不得不说，照顾一个敏感型的孩子，确实不是一件容易的事。

　　一直以来，很多父母都习惯将孩子身上存在的各种"敏感特质"看作性格方面的缺点，并试图通过各种手段来"纠正"孩子的这一"缺点"。实际上，这种认知是不正确的。所谓"敏感"是一种正常的性格特质，就像有的人性格内向、有的人性格外向一样，并没有对错之分。

　　任何事物都具有两面性，性格也是如此。每一种类型的性格，都有其优势和劣势，敏感型性格同样也是如此。

　　不可否认，与敏感型的孩子相处，的确会存在诸多麻烦。因为他们总是拥有比寻常人更敏感的神经和更细致的情绪，常常让人摸不着头脑。但正因为这一特质，他们往往要比寻常人更擅长共情，更能理解和体察他人的情绪。

　　性格是人对客观现实的稳定态度和行为方式中经常表现出来的稳定倾向，是刻印在基因中不可更改的一个特质。你不可能要求一个敏感型性格的孩子来"改正"自己的敏感，然后像其他人一样大大咧咧地生活，这是违背他天性的事情。即使他能够在短时间内表现得与其他人别无二致，其内心的煎熬与痛苦也不会停止。

作为父母，我们应该明白，敏感只是一种性格特质，并不是什么需要纠正的毛病，也不是什么需要改变的缺陷。只有真正做到从心灵深处接纳孩子的这一特质，我们才能以平常心去面对孩子，引导敏感型孩子学会正确地克服性格方面的劣势，发挥性格方面的优势，从而成为一个更加优秀的人。

著名心理学家马丁·塞利格曼曾分享过自己的一个故事。

有一天，他带着 5 岁的女儿在院子里拔草，只见女儿一边拔草一边玩耍，好不惬意。看到这一幕，塞利格曼有些不高兴，便开始数落女儿，说她经常做事不专心等，恨不得把她的坏习惯都拿出来溜一遍。

等塞利格曼喋喋不休地说完之后，女儿却小大人一般地叹了口气，说道："爸爸，你每天都在告诉我，应该把什么样的坏习惯改掉。可是，即使有一天，我改掉了所有的坏习惯，我也只是一个没有坏习惯的孩子而已，依旧没有任何优点。为什么你就不肯朝我的长处看一看呢？"

人非圣贤，孰能无过。没有谁是十全十美、找不出任何缺点的，孩子如此，父母同样如此。如果我们总想督促孩子改正缺点和不足，一直揪着他们身上的劣势不放，那么怎能会有时间和精力帮助孩子发挥性格上的优势，成为一个有许多优点的人呢？

无论孩子是什么样的性格，只要方法正确，我们都能挖掘出孩子身上优秀的特质，帮助孩子发挥性格方面的优势，成就更加优秀的自己！

目 录

第6章　将敏感变成优点
——读懂敏感的特别之处，让孩子变得与众不同

第7章　差等生VS优等生
——敏感型孩子能否学业有成，全在父母和孩子一念之间

第8章　孩子，你慢慢来
——敏感型孩子的优秀是慢慢培养出来的

第1章　这孩子真怪

——孩子不是性格怪异，而是有些敏感

与孩子沟通是一件非常困难的事情，年幼的孩子不仅语言能力有待培养，对这个世界的认知也远远不够。无论父母想把自己的想法传递给孩子，还是孩子想把自己的想法传递给父母，这些都是非常困难的。高度敏感的孩子面对事情时的表现、举动，都与寻常孩子大不相同，因此会被误会为性格怪异。

每天都有很多敏感型孩子被误解

相信每个人小时候都有过这样的经历，父母在自己耳边滔滔不绝地讲述别人家孩子的事情。他们或许是父母同事、隔壁邻居和亲戚家的孩子。重点在于，这些别人家的孩子总是什么都好，学习成绩优秀，性格热情大方，说话好听，多才多艺。相比之下，自己就有些相形见绌了。

其实，父母哪有不觉得自己孩子好的呢？只不过在激励孩子的时候用错了方法。许多父母生怕自己的孩子不如别人，给孩子报了许多才艺班、补习班，不惜下血本，也要保证自己的孩子不输在起跑线上。当自己的孩子有了一定的成绩以后，自然是要展示给别人看看。而这种展示的方式，自然是让孩子在其他人面前"露一手"。

当孩子大方地在客人面前展现了才艺后，不管好坏，客人一定会不吝赞赏。于是，父母得到了面子，得到了满意的结果。但是，有些时候结果不那么让人满意。孩子可能并不愿意表现自己的才艺，扭扭捏捏地不肯说话，让父母下不来台。

让父母满意，自然皆大欢喜；让父母下不来台，等客人走后免不了被训斥一顿。那么，孩子为什么不肯遵照父母的意思，给客人"露一手"呢？是孩子胆小害羞吗？是孩子不懂事，故意给父母难堪吗？其实都不是。

陈先生年少有为，他和妻子都是高学历，一心想要将下一代也培养成人杰。从孩子小时候，他就丝毫不吝惜资源，不断加大对孩子教育的投入，在孩子有意向的情况下每年都为孩子报钢琴班。一天，陈先生邀请同事来家里做客。酒过三巡以后，一位客人问起家里摆着的钢琴，是不是有人在学。

提到钢琴，陈先生原本因为酒意有些不振的精神马上高昂了起来。他叫来女儿，让她给大家"露一手"。没想到，女儿璐璐却小脸一沉，扭捏了起来。陈先生以为女儿没听清，又说了一次。可是，女儿干脆跑回房间了。

女儿的表现让陈先生觉得在同事面前丢了脸，只好讪讪地说："小姑娘害羞，家里没客人的时候练得可好了。"

这件事情作为宴席上的一个小插曲，很快就过去了。但是，陈先生觉得女儿的行为"不给自己面子"。等到客人离开以后，陈先生劈头盖脸地训斥了女儿一顿，不仅因为女儿让他在客人面前丢了脸，更因为女儿的表现让他非常失望。

陈先生认为，凭着自己花在女儿身上的精力、时间和资源，女儿应该是一个落落大方、热情开朗、多才多艺的女孩。虽然女儿平时的表现让他非常满意，但今天他发现自己的教育似乎并不是那么成功。陈先生自顾自地说了很久，而女儿璐璐低着头一声不吭。

一段时间以后，陈先生发现自己和女儿之间似乎有了隔阂。璐璐对父亲的态度十分冷漠，能不交流就不交流，能不单独相处就不单独相处。原本陈先生以为女儿因为自己的批评闹了小别扭，过几天就好了。但过了一段时间后，父女关系不仅没有得到缓和，反而越来越疏远。为了改变这个状况，陈先生决定和女儿谈谈。

最初，女儿拒绝和父亲进行交流。陈先生因为璐璐的态度，有几次想要发火，但最终都忍了下来。璐璐见父亲态度诚恳，终于和父亲说出了自己的心里话。

璐璐没有听父亲的话，在客人面前"露一手"，不是因为害羞，也不是故意要给他难堪，而是有自己非常充分的理由。

璐璐觉得自己虽然学了两年钢琴，但是水平十分一般，没有达到可以作为一项才艺在客人面前展示的程度。如果硬是要"露一手"，那就是真的"献丑"了。另外，陈先生的态度让璐璐觉得父亲很不尊重她，这与陈先生平日里强调的"互相尊重"似乎不是一回事——她不是父亲用来取悦客人的工具。

和璐璐的对话让陈先生既惊讶又开心。他一直想让女儿变得更加聪明、成熟、独立，但从未想过一个11岁的小孩居然已经有如此深的"小大人"的心思。女儿不肯按照他的意思"露一手"，并不代表陈先生对孩子的教育是失败的，反而证明陈先生对孩子的教育非常成功。

世界上没有完全相同的两片树叶，自然也没有两个完全相同的人。特别是那些年纪还小的孩子，他们如同一块块未经雕琢的璞玉，将来可能展现出各种不同的风采。

既然每个孩子都是不同的，那么在做决定、打标签、建立认知之前，我们首先要确定孩子是怎么想的。也许你认为孩子害羞、不合作、懦弱，其实孩子自己对事情有不同的认知。

特别是敏感型的孩子，他们要比其他孩子更能敏锐地感受到事物的细微变化，更早地有属于自己的想法，更快地成熟。

那么，我们如何做，才不至于误解孩子，进而能够充分地理解孩子呢？

1. 增加有效沟通，少做无效沟通

在谈到教育的时候，"沟通"是专业人士强调最多的词，却也是一直被忽略的词。许多父母觉得自己经常和孩子沟通，但始终收效甚微。沟通必须是有效的沟通，必须是真正的沟通，而不是父母以为的"沟通"。

可是，我们最经常见到的亲子"沟通"是怎样的呢？孩子兴致勃勃地向父母讲述自己的想法，自己在生活、学习中遇到的事情，父母却"嗯嗯啊啊"地敷衍着。或者父母把自己想让孩子做的事情掰开揉碎了告诉孩子，完全不在意孩子的反应。

这不是有效的沟通。双方只是在单向地传递自己的想法，彼此没有信息反馈，更谈不上交流。沟通是必须给予对方反馈的。当孩子说话的时候，父母应该用心倾听，给出自己的想法和指导意见。当然，父母应给予孩子一定的指导，而不是指手画脚。孩子的思想的确不成熟，有些选择是不正确的，但父母应该做的是给孩子建议，告知孩子结果，而不是告诉孩子怎么做，但是不说为什么这么做。

2. 想清楚孩子到底是什么

孩子是什么？父母希望孩子过上怎样的人生？这两个问题是许多父母从来没有想过的。有些人将孩子当成让自己家庭完整的一块拼图，有些人将孩子当成自己圆满生活的一个象征，有些人将孩子作为养老的保障，还有人认为孩子是自己的延续。

其实，孩子是独立存在的个体，不是父母的迷你版。父母不该因为孩子在行事方式、态度表现上跟自己不一样就认为孩子是错的。孩子有自己

的喜好和个性，不该成为父母的提线木偶。

因此，当孩子的表现与父母设想的不一样时，这并不是什么不可饶恕的过错。父母只有弄清楚孩子在想什么，才能正确地看待和理解孩子，才不会误解孩子。

敏感型孩子为何这样"与众不同"

"与众不同"，对于成年人来说，更多的时候是一种褒奖，但对于孩子来说就未必了。许多父母都会担心：自己的孩子为什么会"与众不同"？怎么就跟其他孩子不一样？为什么父母不管赞赏还是惩罚孩子，孩子都会展现出和其他孩子不同的表现？这种情况，往往会出现在敏感型孩子的身上。

敏感型孩子是与众不同的，应对其他孩子的方式在他们身上往往会得到不同的反馈。敏感型孩子在面对老师、同学的时候，他们的表现也和其他孩子截然不同。这并不代表他们不如其他孩子，而且许多时候他们并不比其他孩子差。

造成这种不同的根本原因在于，敏感型孩子更能感受到表象之下的东西，也就是成年人所说的察言观色。他们能更加敏锐地感受到他人的情感变化，感受到他人是否言不由衷，而不仅仅是对方在说什么、做什么。这就是他们给出与其他孩子不同反馈的根本原因，也就是成年人眼中的"与众不同"。

敏感型孩子想的比普通孩子更多，在心理上比普通孩子更加脆弱，也成熟得更快。因此，除了行为上的"与众不同"，敏感型孩子还会表现出一定程度的"不合群"。之所以要给不合群加上引号，因为这种"不合群"不是真的不合群，和父母所想的被排斥在集体之外并不一样。敏感型孩子的不合群，是他们自己的选择，是为了创造或者前往一个让自己更加舒服的环境。

毛毛从小就是一个"与众不同"的孩子，这让他的妈妈刘女士十分担心。有些时候你批评他，他跟你嬉皮笑脸。你给他做了好吃的，他却匆匆地扒了几口饭就下桌，躲回自己的房间。毛毛的行为让刘女士觉得这孩子实在太难琢磨了，不知道该在什么时候用什么样的态度来面对这个孩子。

一次，毛毛匆匆地吃过晚饭，躲进了自己的房间。刘女士觉得再这样下去不是个办法，她要搞懂毛毛究竟在想什么。于是，她来到毛毛的房间门口，正打算敲门的时候，听到毛毛正在跟什么人打电话。

刘女士听了一会儿，毛毛居然打电话给加班的爸爸，让爸爸回来的时候给他带点儿吃的。这是毛毛嫌妈妈做的东西不好吃，还是喜欢上了外面卖的什么零食？刘女士听了后气呼呼地坐在客厅里等毛毛爸回家。

等毛毛爸回来，刘女士生气地把自己听到的事情和他说了。毛毛爸这才不好意思地表示，这件事终于还是让她发现了。原来毛毛每次匆匆地吃几口晚饭就跑回房间，总会让爸爸帮忙带点儿吃的回来。

刘女士很生气，质问毛毛爸为什么纵容孩子吃外面的东西，这样会让毛毛养成不好好吃晚饭的坏习惯。毛毛爸解释说："孩子不是嫌你做的东西不好吃，也不是一定要吃外面的什么食物。"虽然刘女士在吃晚饭的时候并没有表现出来，但是毛毛敏锐地感受到当时刘女士的情绪有些不好。与气冲冲的妈妈坐在同一张桌子前吃晚饭，毛毛感觉压力很大，只好让爸爸给自己买吃的。

刘女士这才想起来，下午的时候她的确因为工作的事情和同事发生了一点儿矛盾。刘女士虽然尽力不把工作上的情绪带到家里，但还是被毛毛这个十分敏感的孩子发现了。这样一来，毛毛的许多怪异行为似乎都找到了原因。当孩子做错事情的时候，即便你和颜悦色地和他讲话，他还是能感觉到你在生气；他调皮捣蛋时，父母板起脸来教训他，他也能察觉到有的时候父母并不是真的生气。

毛毛就是一个典型的敏感型孩子。他的共情能力远超那些普通的孩子，更容易受他人的情绪感染和影响，不管是喜怒哀乐，他都能敏锐地觉察。这些真正的情绪，让他不会根据对方的表现给出反馈，而是根据自己感受到的对方的真实情绪做出反应。这样的能力对于成年人来说也不是谁都能拥有的，更别说是一个孩子。正是因为这种高度敏感，让毛毛看起来如此的"与众不同"。

程程在父母眼中也是一个与众不同的孩子，他不像其他孩子一样喜欢出去玩耍，也不沉迷手机、平板电脑等电子设备。阅读是他最大的爱好。他外出的时候经常独来独往。他的表现让父母十分担心，特别是看了几次关于校园欺凌事件的新闻报道以后，愈发觉得程程看起来像是被其他孩子孤立了。

父母满怀担忧地和程程谈了他在学校的生活，是否有朋友，有没有被人欺凌。程程表现得非常平静，就好像父母询问的事情与他无关一样。程程给出的答案是否定的，并且表示，自己不是没有朋友，恰恰相反，自己的朋友还挺多。于是，父母建议程程邀请朋友到家里来玩。程程为了让父母安心，就答应下来。

到了约定的时间，程程果然叫了几个朋友到家里来玩。父母想象中的书呆子聚会完全没有出现。程程约来的几个孩子性格各异：有的热情大方，有的沉默寡言，有的彬彬有礼。等到程程的朋友走了，父母才问程程："既然你有这么多朋友，为什么平时不在一起玩呢？"没想到，程程给出了意想不到的答案："大家住得太远了，放学后一起玩并不方便。"

这个答案不禁让程程父母想到自己的小时候。那时他们都是跟住在附近的同学、邻居家的孩子交朋友。当父母提出问题："为什么不结交住得近的同学和朋友？"程程给出答案："交朋友应该是根据共同的兴趣爱好，而不是住得远近。"

"与众不同"的孩子，必然有其与众不同的原因。但究竟是父母的原因导致了孩子的"与众不同"，还是"与众不同"的根源就在孩子身上呢？这个问题的答案主要有以下几个方面。

1. 强大的共情能力

共情能力并不是所有人都拥有的，然而有的人有着强大的共情能力，能从他人的经历、现状、叙述中产生同感。

敏感型孩子拥有普通孩子甚至成人都难以企及的共情能力。他们更容易感受到对方的真实情绪，也更容易被他人的情绪影响。这种影响，就是他们做出"与众不同"的举动的原因。因此，如果你在孩子身上找不到他为什么"与众不同"，那么不妨想想是不是周遭的环境有什么影响了他。

2. 更加剧烈的情绪波动

有些敏感型孩子比其他孩子更加成熟，但是有些更加"孩子气"。敏感型孩子发起脾气来往往比其他孩子更加夸张，甚至像一个火药桶，一点就炸。其实，这不是因为他"小题大做"，而是因为他把当前的情况复杂化、扩大化了。

一件小事，对于不同的人来说拥有不同的意义。没有人能完全了解另一个人的雷点，或许对你来说微不足道的事情，对方会觉得天塌了。

敏感型孩子因为其敏感的特质，导致他们接收到的信息更多，想的事情更多、更远。一件小事，在他的联想中会不断扩大，就如同滚雪球一样，最后变成一件影响巨大的事情。或许你只是在叫他帮忙的时候语气不够好，他就能联想到自己是不是没有得到尊重。或许你只是说了一个善意的谎言，但在他不断联想、扩大以后，很可能上升到底线、人格等问题。

在敏感型孩子的世界中，牵出一件小事背后的大事是司空见惯的事情。他们从来不小题大做，因为他们从"小事"联想到了背后的"大事"。

内向和敏感，不完全是一回事

自从"敏感"型这个概念出现以后，许多父母都在将敏感的种种表现往自己孩子的身上套，看看是否"合身"。有些父母很快就得出了自己孩子和敏感没什么关系这一结论，还有的父母喜忧参半地发现自己孩子就是敏感型。最为纠结的一类父母，他们的孩子有一部分表现属于敏感型孩子，但又有一部分表现和敏感型完全不挨边，甚至截然相反。那么，这部分孩子属于敏感型孩子吗？

敏感型孩子的种种表现，和性格内向的孩子有着很多重合之处。敏感型孩子的确大多有性格内向的表现，但性格内向的孩子却不一定都是敏感型孩子，这两者有着本质的区别。

如果父母不慎陷入误区，将内向型孩子当成敏感型孩子，或者将敏感型孩子当成内向型孩子，就会产生许多麻烦。

性格内向的孩子，一般表现为喜欢独处，喜欢安静的地方，在行为模式上会相对被动。这些是他们的天性使然，是本能地做出的第一选择。他们在作出决定的时候，只是在寻求一种让自己舒服的方式，与思考无关。

性格内向并不是什么过错，如果孩子的性格天生内向，这不是麻烦，也不是问题，不需要父母去操心解决。内向的人，自然有内向的生活方式。强行让他们改变自己的生活方式，只能给孩子带来许多痛苦。

敏感型孩子则与内向型孩子不同，当他们选择独处、远离他人，或者长期看不到情绪高涨的时候，这也许不是他们让自己舒服而主动做出的决定。由于他们敏感，更能感受到别人的感受，情绪波动也比较激烈，那么这些看似内向的行为，极有可能是受到他人或者周围环境的影响。

如果误将敏感型孩子的表现当成内向，不及时解决孩子遇到的问题，那么这些问题永远都不会解决，只能变得越来越沉重，最后成为压垮孩子的大山。

错误地将性格内向当成敏感，父母往往会过度担心孩子的状态，给孩子过多地关注，甚至强制改变孩子的生活方式。这个过程不仅父母劳心劳力，对于性格内向的孩子来说，无疑是将他们赶出了自己喜欢的环境，给他们带来了无端的痛苦。

诺贝尔奖一直是人们所关注、影响范围极广的全球性奖项。该奖项是瑞典著名发明家阿尔弗雷德·诺贝尔用自己的遗产设立的。诺贝尔本人是一个不折不扣的成功者。他拥有 355 项发明专利，并且在全球开设了 100 多家公司和工厂。从事业上来看，诺贝尔无疑是成功的。他性格坚毅，崇尚科学，为人类作出了巨大的贡献。但从私人生活的角度来看，诺贝尔并不是一个成功、幸福的人，甚至有人称他为"孤独的巨人"。

诺贝尔从出生开始就过着孤独的生活。由于先天营养不良，导致他经常生病。诺贝尔不能经常跟小朋友一起玩耍，他最好的朋友就是书籍。到了该上学的年纪，诺贝尔走进学校，才重新回到了同龄人身边。他学习刻苦认真，很快就成了班级中的佼佼者。

可惜，诺贝尔的学校生涯并不长久。随着父亲的工厂搬到俄国，语言和脆弱的身体都成了他结识新朋友的阻碍。诺贝尔只能待在家里跟随家庭教师学习，再一次远离了同龄人。

在诺贝尔成长的过程中，只有家庭教师发现了诺贝尔的问题。一个本不是那么内向的人，不应该总是一个人闷在家里，与书本为伴。不管走出去见见其他人，还是走进大自然，发现一些过去不曾注意的新鲜事物，都是好的。

这个时候，诺贝尔才开始主动走出家门，走进大自然。不过，此时他仍然缺少伙伴，仍然是孤独一人。自然环境给了他书本所给不了的灵感，这让他在16岁的时候就成为一个发明家。但是，他的个人生活始终不顺利。

诺贝尔的第一次恋爱，是和一个对他这个整天待在实验室里的怪人很好奇的女孩。不幸的是，女孩患上了当时还是绝症的肺结核。女孩在两人确定关系后没几天就病逝了。

诺贝尔的第二次恋爱，发生在25年后。此时，他已经步入中年。由于工作繁忙，他招聘了一个女管家。结果没多久，诺贝尔就深深地爱上了她。可惜，这位女管家有一个正在闹别扭的爱人。女管家与爱人复合以后，就离开了诺贝尔的住所。

诺贝尔的第三次恋爱，发生在他 50 岁之后。一次意外的出行让他爱上了一位年轻的卖花女郎。这位美人只有外表是出色的，其他方面，不管学识还是个性，都非常糟糕。她挥霍诺贝尔的钱财，住着诺贝尔的别墅，却一直和其他男人来往。最后，诺贝尔给这位女郎提供了大量的钱财，她却和其他男人结婚了。

诺贝尔的前两次恋情非常相似，两个女孩都是主动走进诺贝尔生活的人，都是和诺贝尔有共同语言、有相似之处的人。可见，此时的诺贝尔渴望恋情，渴望走出孤独。因此，身边的女孩轻易地就能俘获他的心。

当最后一次恋情发生时，诺贝尔已经孤注一掷了。他不在乎对方的身份、学识和人品。他认准了一个人，就毫不犹豫地倾其所有给予对方。但是，这种付出没有得到对方的珍惜和真心。最终，诺贝尔一生未婚，孤独地走了。

如果诺贝尔的童年时期不总是孤身一人，不总是被迫内向，而是多一些像家庭教师那样的人，能多给他一点儿鼓励，能发现他不是真的内向，也许诺贝尔的人生会有所不同。

敏感型孩子和内向型孩子完全不同。父母想保证孩子的健康成长，就要对孩子有准确的认知。如果孩子在童年时期没有一个良好的成长环境，那么这个时候留下的一些问题将会影响孩子的一生。那么，如何分辨孩子究竟是敏感还是内向呢？

1. 孩子沉默或者独自一人时，究竟是主动选择还是被动选择

人是有主观能动性的，但是孩子还小，想要做出改变人生、改变生活环境的选择是非常艰难的。许多人回首自己的童年，就会发现，当时觉得

天塌地陷一般的大事，其实根本就算不了什么。

成年人很难体会孩子为什么会有那么多害怕的事情，有那么多担心的事情，有那么多解决不了的事情。但是，这些事情在孩子的世界里，就是无法克服的难题，无法解开的死结。当这些问题出现的时候，敏感型孩子就会出现内向的表现。

因此，在孩子独自一人的时候，特别是当孩子沉默寡言的时候，父母要学会分辨孩子究竟是郁郁寡欢，还是在享受安宁；孩子到底是不喜欢热闹的场所，不喜欢人多的地方，还是不敢接触人群，不敢靠近人多的地方。

只有分清楚孩子的处境是被动的选择，还是主动的选择，我们才能分清孩子究竟是敏感还是内向。

2. 警惕孩子情绪、习惯上的变化

人的性格形成是有许多原因的，家庭教育、学校教育、生活环境、朋友的影响、流行文化等，都能影响一个人成年以后的个性。但是，对孩子来说，情况并没有那么复杂，因为孩子是单纯、天真的，更多的时候展现的是孩子自己最纯真、自然的一面。

父母应该了解自己的孩子——孩子是什么个性，有什么习惯，和什么人做朋友。一旦孩子的言行表现出与过去完全不同的一种特点，就说明孩子的生活出现了你所不知道的变化。

原本喜欢和小朋友玩的孩子突然变得孤僻了，原本喜欢蹦蹦跳跳的孩子突然变得沉稳了，原本每天都要出去玩的孩子突然每天都窝在家里……当这些情况出现的时候，不是孩子的性格突然变得内向了，而是因为生活中出现的某些事情改变了孩子的生活方式。这个时候，如果父母不干涉，不帮孩子解决问题，那么敏感型孩子就会变成一个表现内向且感受不到舒适的孩子。

也就是说，孩子原本的内向才是真的内向，而这种突然发生的转变，则是假的内向。即便孩子已经度过了自己的童年时期，逐渐长成少年，进入青春期、叛逆期，这些变化也不是无缘无故出现的。不管父母是否接受这种改变，至少应该知道导致孩子改变的原因是什么。

疑似敏感，还需哪些特征来确定

敏感型孩子并不是什么天才儿童，只是在感知方面更加敏锐、突出而已。这就意味着敏感型孩子既有优势，也有劣势。敏感特性虽然不算太过罕见，但也不能说大多数人都具有敏感的特质。

有些父母会根据自己的状况来判断孩子是否属于敏感型，这其实并不正确。许多敏感型孩子拥有并不敏感的父母，这不像外貌一样可以遗传，也不会因为跟并不敏感的父母长期生活在一起就会失去其敏感性。

因为敏感并不是像左利手或者其他特点一样可以从外表上一目了然，所以如果你想知道孩子是否属于敏感型，就必须了解孩子具体的性格特征才能够做出准确的判断。这些特征并不隐蔽，甚至可以说非常明显。虽然父母不会忽略这些特征，但是常常因为不知道这些就是敏感型人格的特征，而将其归咎于成年人拥有的一些习惯和问题。

成年人的习惯、问题，是来自多方面的。生活习惯、生活环境、从事的职业、身体状况等，都是让成年人形成独特行为模式的原因。孩子则不然，特别是学龄前的孩子，他们所接触的人一般只有家庭成员，所受影响大多来自父母。因此，孩子年龄越小，越容易从一些特征中分辨其是否属于敏感类型。

敏感型孩子往往具有以下几个特征，或许有些特征与孩子受到的家庭教育和父母影响有关，但有些只与孩子的个人情况有关，父母要仔细进行分辨。

1. 胆小害羞

敏感型孩子经常会有胆小、害羞的表现，特别是在面对陌生人的时候，或者让他们做平时不常做的事情时。其实，孩子这时的表现并不是真正的胆小，而是思考的事情比其他孩子更多。

从事幼教行业的王琪曾经说过这样的例子。她们幼教机构的建筑很有些年头了，院子中铺设的部分地砖已经破损。在铺设新地砖的时候，院子中有一条又窄又浅的缝隙。大多数孩子都会迈大步子，从缝隙处跳过去，只有两个孩子不敢这样做。他俩一定要小心翼翼地反复丈量步伐的大小和缝隙的宽度，选择较窄的地方，觉得万无一失的时候才会跳过去。

几天以后，一个孩子已经适应了这个缝隙，也敢于在缝隙前加大步伐，一跃而过了，但是另一个孩子仍然小心翼翼地反复丈量缝隙的宽度以后才敢跨越。

两个孩子虽然在开始的时候表现十分类似，但是最后出现了不同的变化。那个适应了缝隙的孩子是敏感型的。而那个无法适应的孩子是真正的胆小。

2. 对环境变化更加敏感

熟悉的环境对于敏感型人来说是非常重要的。熟悉意味着一切都在他们的掌控之中，意味着安全感。成年人都是如此，更何况是孩子。孩子与成人比，适应环境的能力更弱，更难找到改变环境、让自己变得舒服的方法。因此，当敏感型孩子来到一个陌生的环境后，他们不舒服的感觉就会成倍增加。

因此，当敏感型孩子刚刚进入陌生的环境时，为了获得安全感往往会黏住自己所认识的人。否则，孩子就会表现出坐立不安、焦虑的情况，甚至会躲在角落里，等到对陌生环境有了一定的了解后才会有所行动。

3. 更加敏锐的感官

人们通过视觉、味觉、嗅觉、听觉、触觉等来认识这个世界。如果人们失去了其中的某一个感觉，那么就很难全面地认识这个世界。对于敏感型孩子来说，他们的感官敏锐度是非常惊人的。

他们能听到别人未曾注意的细微声音，闻到父母闻不到的味道，或者难以接受某些食物的刺激性味道。有些孩子从小对饮食非常挑剔。比如，有的孩子会说萝卜是臭的，肉是腥的，葱姜蒜之类更是难以忍受。这就说明，孩子的味觉非常敏锐；其他人能够接受的味道，对他来说就太过刺激了。

还有些孩子的触觉远超他人。他们更怕疼，更难以接受会摩擦皮肤的服装材质。或许别的孩子穿着没事，但他们会觉得摩擦得又疼又痒。

一般来说，孩子的感觉的确会比成人更加敏锐，但随着成长与适应，孩子的感觉逐渐会变得不那么敏感。但敏感型孩子不同，他们的敏锐程度会保持到成年以后。随着不断的适应，他们会学着接受一些东西，但有一些是始终无法适应的。

4. 更加激烈的情绪变化

都说小孩的脸，六月的天，说变就变，这就意味着孩子的情绪变化比成年人更加激烈。而且敏感型孩子的情绪变化比其他孩子来得更猛烈一些。他们更容易被弄哭，更容易发脾气。一点点小事，就能让他们当场爆发。

既然敏感型孩子的情绪变化如此之快，是否意味着父母要尽量避免触动孩子，减少孩子剧烈的情绪波动呢？并不是这样的。

敏感型孩子不仅情绪变化快，也能敏锐地察觉到父母应对自己情绪变化的策略。如果父母在孩子情绪出现变化的时候只会选择安抚，那么他们就会知道自己想要什么，只要进入什么样的情绪状态就足够了。但是，这样并不能让孩子变得坚强起来，也不能让孩子学会和父母彼此迁就，反而会让孩子把情绪当成操纵父母的工具。

5. 追求更加规律的生活

维持正常的生活最重要的就是衣食住行。敏感型孩子需要衣食住行等维持一种稳定的状态。他们不喜欢尝试新的事物，不会轻易地改变自己的作息时间，不喜欢新的着装风格。敏感型孩子往往喜欢按部就班的生活，保持一定的衣食住行习惯，什么时间该做什么，往往都是事先安排好的。甚至有些孩子从小就定下了自己的着装基调，喜欢穿什么颜色的衣服，就会一直喜欢下去，很少会做出大的改变。

敏感型孩子对于环境的要求一般从小就定下了。如果父母经常把家里收拾得非常整洁，那么他们就会习惯于在整洁的环境里生活。一旦环境变得不那么整洁，他们甚至会出现些许"洁癖"的症状。但是，如果父母忙于工作，环境并不整洁，那么他们就会习惯在这样的环境里生活。一旦环境变得整洁了，他们反而会觉得难受，感到束手束脚。

6. 共情能力

大多数人都具有共情能力，敏感型孩子的共情能力比常人更强。他们能敏锐地发现父母在生气，能察觉到父母之间相处的细微变化，甚至在欣赏文学作品、影视作品的时候，他们比其他孩子更容易被感染。如果你觉得孩子的笑点和泪点比其他孩子更低，这就是共情能力强的表现。

7. 不喜欢嘈杂的环境

有些孩子很喜欢热闹的地方，也会在任何地方大声地说话，而敏感型孩子不会。他们有更强的信息接收能力、更敏锐的听觉。嘈杂的环境很难让他们兴奋，长期处于嘈杂的环境对他们而言是一种痛苦。

因此，许多平日里非常安静的孩子到了人多的场合反而会表现得非常焦躁。这与"人来疯"不同，他们表现出的焦躁不是过于兴奋的表现，而是真的不舒服，而且需要及时脱离这样的环境。

以上几点是敏感型孩子具有的特征。如果你的孩子满足以上的大多数特征，那么你的孩子就极有可能拥有敏感型特质。如果只满足其中的一两条，那可能只是生活习惯、生活环境或者身边人给孩子带来的影响。

敏感只是一种特质，并非缺陷

许多父母对于孩子的敏感头疼不已，因为敏感型孩子更难控制。不管你做出怎样的表情，说出怎样的话，孩子总是能准确地发现你隐藏起来的真情实感。在陌生的环境里，敏感型孩子会很快陷入焦躁的情绪中。这让父母很难带着他们出门，因为他们很快就会吵闹起来。

更可怕的是，敏感型孩子情绪波动大、变化快，经常因为一些不起眼的小事而陷入情绪爆发的状态。面对孩子的突然发脾气、哭泣，许多父母都会心力交瘁。久而久之，面对孩子成为一种折磨，成了一种梦魇。因此，在不少父母的眼中，敏感是一种缺陷，甚至是一种非常可怕的缺陷。

敏感型孩子的确有着这样那样的问题。当父母缺少得当的处理问题的方法时，被敏感型孩子弄得焦头烂额是难以避免的。但是凡事都有两面性，敏感型有不好的地方，也有好的地方。敏感型孩子容易诱发问题的特性，在某些情况下，也会展现出好的一面。

梅女士的女儿芽芽具有敏感的特质。这让梅女士的身心受到了极大的煎熬。芽芽在还不会说话的时候，就已经开始"折磨"梅女士了。一次，外婆给芽芽买了新衣服，梅女士兴高采烈地给芽芽穿上了。但是没一会儿，芽芽就开始哭闹。梅女士使出了浑身解数，也没能让芽芽平静下来。最后，芽芽的爸爸问："是不是新衣服有问题？"

梅女士觉得很纳闷，新衣服能有什么问题。在给孩子穿新衣服前，她已经反复检查过了，绝对没有危险的东西在里面。梅女士给芽芽换上了之前的衣服，果然芽芽立刻停止了哭闹。再次检查时，梅女士发现新衣服的接口处有一个小小的标签，估计是标签让芽芽感到皮肤不舒服。梅女士将标签剪掉后，再给芽芽穿上新衣服，果然芽芽不再哭闹了。

梅女士以为芽芽过了婴儿期自己就能轻松下来，可是芽芽易哭闹的问题还是没有解决。大人稍微有些不高兴，拉下脸来，芽芽就吓得哇哇大哭。梅女士想跟朋友炫耀一下可爱的芽芽也很困难，因为芽芽看到陌生人时总是躲在妈妈的背后，死都不肯出来，更别说到别人家去做客了。只要在陌生的地方稍微待上一会儿，芽芽就吵着要回家。

梅女士真是恨透了女儿这种敏感特质。对于梅女士来说，这就是一种缺陷，而且是非常可怕的缺陷。随着芽芽的逐渐长大，一件事情彻底改变了梅女士的想法。

那一天，梅女士工作的时候和客户发生了争执，险些丢掉了一位大客户。公司领导知道了这件事情以后，狠狠地训斥了梅女士一番，并且命令她加班。梅女士回家后，才想起芽芽爸爸今天邀请同事到家里聚会。芽芽爸爸已经把饭菜准备好了，但是梅女士迟迟不回来，又不接电话。这让芽芽爸爸在同事面前很难堪。

梅女士一进家门就看到了芽芽爸爸那副冰冷的脸，心想客人走后一场争吵是逃不掉了。于是原以为能在芽芽爸爸那里得到安慰的梅女士变得更加沮丧，但有客人在场，又不好表现出来，只能强颜欢笑地招呼客人。没多一会儿，梅女士就有些撑不住了。她找了个借口躲进厨房，黯然神伤起来。

没一会儿，芽芽走进了厨房。梅女士强作微笑，问芽芽到厨房来干什么。芽芽向着梅女士伸出了一只小手，手心里托着一颗糖果。芽芽安慰梅女士说："妈妈不开心吗？我不开心的时候吃颗糖就开心了。这颗糖送给妈妈。"此时，梅女士的内心百感交集。与梅女士在一起这么多年的芽芽爸爸都没看出她今天的不愉快，没想到却被眼前这个小孩子发现了。她一把将芽芽抱在怀里，无声地流下了眼泪。

那天以后，梅女士发现敏感并不是一种缺陷，除了有一些糟糕的地方，还有好的一面。不管她开心还是难过，芽芽总是能比其他人更早发现。不管做什么事情，芽芽总是能在自己所知范围内面面俱到，有些时候简直比梅女士还要细心。虽然芽芽被批评的时候很容易出现爆炸性的反应，但是在面对夸奖的时候也容易迸发出强大的动力。相比同龄的孩子，芽芽更加懂得为别人着想，想象力也更加丰富。她的美术作业虽然没有什么技巧，但是天马行空又合情合理的创意总是能得到老师的赞赏……

敏感型孩子虽然有让人头疼的地方，但是也有让人欢喜的地方。人无完人，任何一种特质、一种个性，总是有好的一面，也有坏的一面。敏感型孩子也是如此。只有正确地看待敏感型孩子，才能对孩子进行正确引导，并且善用孩子的敏感这种特质。

敏感是一种特质，而不是缺陷。想要正确地引导孩子，父母应该做好以下几点心理建设。

1. 情绪上的稳定

敏感型孩子往往能够感受到你的情绪变化，并做出非常激烈的反应。如果父母在教育孩子的时候，难以保证自己情绪的稳定，那么孩子的情绪就更难稳定了。你越是激动，孩子就越是害怕。这个时候，不管你说什么，孩子都不可能听得进去。此时，你说的话不仅起不到教育、引导作用，还会给孩子留下可怕的印象。

2. 足够的耐心

任何教育、引导，都不是一蹴而就的。特别是一些对某些状况形成了固定的应对方式的孩子，人们想要改变他们的行为模式格外困难。需要的不是一次、两次、三次纠正，而是几十次、上百次，甚至无数次纠正。

许多父母在面对这个过程的时候非常沮丧，反复地纠正，然而孩子又反复犯错。最终，父母认为这种纠正是没有意义的。父母或许采用简单粗暴的方式禁止孩子的行为，或许对孩子敷衍了事。一旦父母失去了耐心，教育孩子的方式就会趋向于简单粗暴，即便最终孩子改掉了一个问题，但是其他问题还会出现。

敏感型孩子具有强大的思考能力，能够举一反三、全面地思考问题是他们的强项。如果父母有足够的耐心，最终能把事情讲清楚，能让孩子听明白，那么将来出现同样或类似问题的情况就会大大减少。

3. 给自己和孩子设定底线

父母是需要有底线的。我们主张用温和的方式教育孩子，并不代表要反复地迁就孩子所出现的问题。无底线的包容和迁就，只是暂时缓和了孩子的情绪，并没有从根本上解决问题。父母需要做的是让孩子学会解决问题、应对问题的方法，而不是为了哄孩子告诉孩子他没有问题。

孩子也需要底线。对于敏感型孩子来说，为他们着想是一种心理本能。如果父母不能教孩子为自己设定底线，那么孩子将会无底线地去为他人着想，以至牺牲自己去满足别人的要求，甚至形成讨好型人格。要让孩子学会说"不"，在不伤害自己的情况下为他人着想。

敏感是一种特质，并不是缺陷。只要父母对孩子加以正确的引导，摒弃坏的一面，利用好的一面，就可以促进孩子的成长。

敏感易诱发人格障碍，
但敏感不是人格障碍

人格障碍这个词听起来十分吓人，实际上人格障碍是许多心理问题的统称。其中一些会对他人造成影响，还有一些人格障碍对他人并不能造成伤害或者影响，只是会不断地折磨患者自己。

敏感型人的许多表现和某种人格障碍非常类似，也的确有相当多的敏感型的人具有人格障碍，但是，这不代表每一个敏感型人都有人格障碍。人格障碍的诱因多种多样，不仅与天生的人格息息相关，还取决于童年经历、生活环境、家庭关系等。因此，将出现人格障碍的原因归咎于敏感型人格是不正确的。

不可否认，敏感型人群的确与患有人格障碍的人群有一定的重合，所占比例要超过普通人群。之所以会出现这种现象，背后自然有其原因。如果你的孩子是敏感型的，就有必要了解前因后果，避免孩子将来患有某种人格障碍。不管影响自己还是他人，总归不是什么好事。

高峰大学刚刚毕业，还没到半年就已经换了三份工作。不是他无法胜任工作，而是他无法和同事融洽地相处。这段经历让高峰非常沮丧，因为早在上学期间，他就无法与同宿舍的同学相处，非常孤独。

他认为，经常与同学发生冲突的原因是其他人都是小孩子，太不成熟，

而他的心智早已成熟。成熟的人和不成熟的人对于一件事情的看法是不同的，这就是他与同学发生冲突的原因。

孤独的高峰将改变人际关系的希望寄托于离开学校走入工作岗位。到时候，他就能接触到和自己一样成熟的人，人际关系自然也会好起来。高峰没想到他走上工作岗位后还是和在学校时一样，不管是和自己差不多年龄的年轻人，还是已经工作多年的前辈，他都相处不来。他总是觉得自己是新人，别人在打压自己，找自己麻烦；工作只要做得和其他人不一样，就会有人对自己指手画脚。明明他已经做得足够好了，为什么他们总是不满意呢？

怀着这样的心情，高峰不止一次地和同事发生口角，甚至演变成冲突。而其他同事因为他是新人，都不肯站在他这一边。人际关系闹成这样，高峰自然没办法在公司待下去了，只好卷铺盖走人，寻找下一份工作。

在家待业的高峰每每想到自己在工作单位的短暂经历就气不打一处来。他觉得与其向那些关系不是很好的同学诉苦，让别人看笑话，倒不如向网络上的陌生人倒苦水。于是，他打开了自己经常浏览的论坛，把自己的经历详细地写在了上面，希望能得到一些安慰。没想到，居然没有人觉得他是对的。

"楼主说话做事太偏执了，这样可是跟谁都合作不来的。"

"有病吧？有病就去医院看看。你要是我同事，说不定我就动手打你了。"

"这么说话做事，怕是从小到大都没什么朋友吧……"

挖苦讽刺的回复成了主流，这让高峰开始怀疑，难道真的是自己的问题？自己才是有错误的那个人？心病还须心药医，他决定去医院找专门的心理咨询师看看自己是否真的有问题。心理咨询师听完高峰的讲述，对他说："不觉得自己有问题，过错都是别人的。总觉得别人是在针对自己，对自己有敌意，甚至要害自己。这是典型的偏执型人格障碍……"

对方话还没说完，高峰就反驳说："不是我觉得他们要害我，是他们已经害我了。我才没有什么偏执型人……"话还没说完，他就停了下来，因为他意识到，自己刚才的举动不是和对方说的完全一致吗？

经过心理咨询师的诊断，高峰的偏执型人格障碍还不算特别严重，但是，如果发展成为深度的偏执型人格障碍，就听不进别人的任何话了。他现在还会反思自己，这说明一切都还来得及。而导致问题出现的原因，就是高峰作为敏感型人格在儿时的经历。

高峰小的时候，父母的工作非常繁忙。因此，许多家务就落在了还是孩子的高峰身上。作为一个没有家务经验的孩子，能把事情做好吗？每次他做完家务，等待父母夸奖的时候，得到的却是训斥。

"这么点儿事你都做不好？"

"我怎么告诉你的？怎么还做成这样？"

这样的话几乎每天都会有人对高峰说，让他难过之极。挨骂自然不好受，被不断否认更是激发了他的逆反心理。于是，他学会了应对这种指责。

"我扫干净了，那灰尘是从刚打开的窗户吹进来的。"

"我怎么做得不对了？我买东西的时候人家说我这么做才是对的。"

"我做得没问题，你就是心里不舒服找碴儿骂我。"

久而久之，高峰对待任何人的指责、批评，甚至满怀善意的建议都是这样的态度。谁说他做得不对，就是在没事找事，就是试图攻击他。正是这种性格，导致他跟谁都合不来。

其实，有这样经历的孩子非常多，而形成偏执型人格的却少之又少。高峰之所以会变成这样，主要是因为他是敏感型的人格。别人的一句批评，在他的眼中，会被无限放大，成为对他的猛烈攻击。别人觉得他某件事情没有做好，他就觉得别人认为他是毫无价值的。他自然不会觉得自己毫无价值，所以一定要反驳，一定不能接受。

人格障碍大多是在幼年时期形成的。特别是敏感型的孩子，如果孩子有某种人格障碍，父母难辞其咎。面对容易出现人格障碍的敏感型的孩子，父母应该注意以下几点。

1. 教育与奖惩并行

奖惩制度是许多父母都会采取的激励方式。这种方式非常有效，实施起来也不困难。但是，许多父母在教育孩子的时候，只有奖惩，没有教育。如果你只告诉孩子要做什么事情，而不告诉孩子怎样才能把事情做好，这会带来怎样的结果呢？

如果是那样，不管是奖励还是处罚，都成了只需要孩子去接受的一个结果，孩子在做事的过程中没有学到任何东西。成功的孩子会复制过程中的每个步骤，失败的孩子则会全盘否定自己的能力。不管哪一种，都会让孩子形成一种固定模式，最终形成困扰自己的人格障碍。

2. 以关注取代"看住"

父母疼爱自己的孩子是天经地义的。许多孩子因此成了家里的"小祖宗"，老人的"掌上明珠"。这种疼爱过了头，也会形成人格障碍。

孩子在成长的过程中，会用自己的方式来认识这个世界，知道该怎样面对、处理一些事情。如果父母过度保护，为孩子打造了一个温室，就会导致孩子在某个方面出现缺失。一旦孩子习惯了有人为自己包办一切，当没有人帮他做事的时候就会变得十分焦虑。即便父母只是单纯地指挥，也会剥夺孩子自己动脑筋思考的能力。

父母的百依百顺还会影响孩子的共情能力。特别是当孩子认识这个世界，寻找自己在世界上的定位时，如果孩子长时间认为自己是这个世界的中心，即便孩子长大了，对这个世界有一些客观的认识，也难以改变做事不考虑他人感受的习惯。

3. 教育孩子，父母要以身作则

"以身作则"这四个字人人都会说，但真正做起来非常困难。对于孩子来说，家庭教育中占最大比例的就是父母的所作所为。特别是敏感型孩子，他们具有透过一件事情看到背后本质的能力。如果父母不能做到以身作则，那么敏感型孩子将会出现更多的问题。

例如，父母骗了敏感型孩子一次，孩子就会认为"说谎是被允许的"；如果父母带着孩子闯红灯，孩子就会在学校的规定中找空子钻，因为父母的行为让他觉得"不遵守规矩是可以的"。

敏感型孩子更容易因为童年的经历而出现人格障碍的症状，但是孩子出现人格障碍，并不都是因为敏感这一特质，而是父母错误的教育方式和行为。为了孩子的将来，父母要重视孩子的心理健康，并且改善教育孩子的方法，注重自己的言行。

那些敏感型孩子，
也会成为世界的天使

"敏感"这个概念提出以后，被许多父母打上了负面的标签。在他们眼中，敏感型孩子难哄，不听话，容易哭闹，经常给父母出难题。特别是一些初次育儿的父母，敏感型孩子简直让他们头大。

但是，事情都具有两面性，敏感型孩子有其麻烦的一面，也有好的一面。敏感型孩子将来未必一定会出现人格障碍，也未必会变成一个很麻烦的人。在引导得当的情况下，他们也能成为这个世界的天使。

敏感型孩子的感官优势能让他们看到一个更加清晰的世界，能让他们更敏锐、更迅速地察觉到事物的变化规律，为这个世界做出更大的贡献。敏感型孩子在同理心方面具有相当的优势，所以如果引导得当，他们将比其他人更加善良，更懂得关注弱势群体。敏感型孩子还具有丰富的想象力，如果能正确地引导，那么他们将能创造出更加美丽、更加打动人心的艺术作品。

其实敏感只是一种特性，这种特性并不能左右孩子的发展方向。而真正能左右孩子的发展方向，使他们成为什么样的人，还要看他们在童年时期所接受的教育和引导。

弗洛伦斯·南丁格尔，是世界上第一个护士。护理学因为她而出现，她也是护士精神的丰碑。但是，从白衣天使南丁格尔的表现和经历来看，她也是一个敏感型的人。

南丁格尔出生于一个英国上流社会家庭，但是她的生活不是无忧无虑的。从小，南丁格尔就拥有远比他人更加强烈的同情心、同理心。她喜欢大自然，喜欢动物，常常会因为小猫、小狗等小动物受伤而难过。

一次，南丁格尔发现了一只死去的山雀。她用手帕将山雀包起来，埋在花园的树下，竖起一块小小的墓碑，还在上面写下了一首充满悲伤的诗歌。

1843年夏天，南丁格尔一家在庄园中避暑。由于经济萧条，乡下出现了许多饥民。他们不仅生病时没钱请医生，没钱购买药物，甚至连基本的衣食都无法保障。善良的南丁格尔经常前往附近的村庄帮助穷人，为他们提供衣物、食物和药物。当假期结束，全家人要返回的时候，南丁格尔甚至提出要留在当地照顾穷人。

南丁格尔的选择遭到了全家人的一致反对。照顾肮脏的穷人、危险的病人，出身贵族家庭的女孩不应该做出这样的选择。当时护理病人的工作人员行为非常粗鄙，缺少专业素养，社会地位非常低下。但是南丁格尔的信念非常坚定，因为她没办法撇下那些受苦的人而离开，她的心里总是挂念着还有穷人在受苦。于是，她不顾父母和姐姐的反对，留了下来。

那一年秋天，村庄里爆发瘟疫。南丁格尔参加了当地牧师组织的救助病人的行动。当时，南丁格尔和大多数人一样，并不懂得如何护理病人，认为只要对病人充满耐心，充满爱心，就能够消除病人的痛苦。结果并非如此，一次次护理事故出现了，有些病人没有死于疾病，而是因为不恰当的护理而死。

这件事情给了南丁格尔极大的震撼。这让她明白，想要帮助病人，光靠耐心、爱心是远远不够的，还要有专业的知识。于是，南丁格尔决定正式成为一名医务人员。她想让家人熟悉的富勒医生来教自己医学知识。但是，她这个想法又一次激怒了父母，就连富勒医生都劝她放弃这个想法，但她还是坚持自己的选择。

不被父母理解的南丁格尔离开了家，孤儿院和医院成了她最经常去的地方。后来，她开始在全欧洲旅行，对各国的医院进行考察，在德国接受护理训练。由于她的聪明才智和学识，伦敦患病妇女护理会聘请她为监督。她取得的巨大成就也终于打动了父亲，父亲每个月汇给她 500 英镑作为资助。

克里米亚战争爆发后，南丁格尔带领 40 名护士奔赴前线。她通过整理资料，敏锐地察觉到了伤兵大量死亡的原因，决定自费改善伤兵的生活环境，从而彻底改变了战地医院的面貌。在南丁格尔的努力下，伤兵的死亡率从 42% 降到了 2%。这个数字震惊了整个英国，护士也变成了一个受人重视的职业。

每天晚上，南丁格尔都手提风灯巡视伤兵，感动得伤兵们将"提灯女神""克里米亚天使"这样伟大的称呼送给了南丁格尔，以亲吻南丁格尔映在墙壁上的影子为荣。

南丁格尔之所以能有如此伟大的成就，能成为"提灯女神"，成为改变护士这一职业社会地位的人，正是因为她的敏感特性。

敏感让她拥有了强大的同情心、同理心，这是一个贵族小姐不顾全家人反对，义无反顾地投入到当时处在社会底层行业的重要原因。在她刚刚 20 岁出头的时候，就在日记中写道："不管什么时候，我的心中，总放不下那些苦难的人们……"

也正是因为南丁格尔的敏感，她才能够发现数百年来一直被人们忽略的、伤病死亡率居高不下的根本原因。

敏感并没有成为她成功的阻力，反而让她成为一个伟大的人。敏感赋予了她勇于追逐梦想的勇气，给予了她克服一切阻碍的力量，让她拥有远超他人的耐心和同情心。如果不是敏感型特质，南丁格尔作为一个上流社会的小姐，未必会选择这样一条不被家人赞同的道路，更别说坚定地走下去。

敏感是一种特质，不是缺点。敏感型孩子除了让父母难以忍受的种种问题外，还有一些优点也是养育普通孩子难以感受到的。每个父母都希望自己的孩子成为天使，成为一个善良的人，成为一个有同情心、同理心的人。但是，在教育敏感型孩子的过程中要注意一些事情，才能避免意外的出现。

1. 学会善良之前，先要学会保护自己

害人之心不可有，防人之心不可无。虽然这个世界上好人总比坏人多，但是坏人为了满足自己的需求和利益，会违背法律、道德，做出一些没有底线的事情，其中就包括利用人们的善良和同情心来达到自己的目的。

我们可以教育孩子善良，教育孩子乐于助人、尊老爱幼，但更要教会孩子如何保护自己，什么行为、什么人是危险的，遇到危险应该怎么做，应该怎么保护自己。如果只让孩子学会了善良，那么孩子的善良很可能被坏人利用。

2. 让孩子自己去理解，拒绝填鸭式教育

善良的概念并不宽泛，但善良的做法是多种多样的。每个人对于"怎

么做才是善良"，都有自己独到的理解。我们要告诉孩子什么样的人是善良的，什么样的想法是善良的，而不是善良的人应该怎么做，要做到什么事情才是真正的善良。

第2章　为什么孩子喜怒无常

——敏感型孩子，内心往往具有易痛因子

　　具有敏锐的观察力、深刻的洞察力，能与他人共情，这是敏感型孩子的特点。因此，敏感型孩子会从多个角度观察同一件事情，从不同的方面去理解他人。敏感型孩子想的越多，在乎的越多，也就越容易受到伤害。

你看，孩子的脸悄悄地在改变

孩子对于父母来说有着非凡的意义。孩子是父母生命的延续，是父母爱情的结晶。父母都盼着孩子长大，盼着孩子功成名就，盼着孩子做出一番事业，以成功的样子站在自己的面前。

对于年幼的孩子，父母往往抱有无穷的期望。照顾好孩子的生活，让孩子茁壮成长，传授知识，培养良好的习惯，这些都是父母应该操心的事情。但是许多父母忽略了一件事情，那就是对孩子心灵的保护。

在成年人的眼中，孩子是不懂事的。有些事情总是要父母反复地说教孩子才能明白，而且有些事情比较复杂，即使父母反复说教，孩子也不会懂。那么，孩子真的不懂事吗？的确，孩子不管从生理角度，还是生活经验、阅历方面都远远不如成人，智力发育还没有完全成熟，但是这并不代表孩子就"不懂事"。

其实，孩子所表现出的"不懂事"，并不是真正的不懂事，而是他们的阅历、经验和所受的教育，告诉他们应该这样做。父母不懂得这一点，认为孩子不懂事，因此很少在意与孩子没有直接关系的行为会对孩子的心灵造成怎样的影响。即便是"懂事"的孩子也需要父母的照顾。虽然他不会直接告诉父母这件事情对他造成了伤害，但他会记在心里。

特别是敏感型的孩子远比普通孩子懂事更早，他们有更加缜密的心思、更加敏锐的感官，接收到的信息更多，想的事情也更多。很多时候，父母的行为在无意间就能对敏感型孩子造成伤害。在父母没有注意到的时候，敏感型孩子的脸色悄悄地就变了。

陈燕非常有亲族观念，即便远嫁他乡，也一直和兄弟姐妹保持着密切的联系和良好的关系。但让陈燕头疼的是儿子李明非常不喜欢她弟弟家的孩子。

李明不是不懂事。他学习成绩优秀，也懂得尊老爱幼。李明在学校里经常受到老师的夸奖，和同学们的关系也很好。唯独见到舅舅家的表弟时，他总是不冷不热的。能不去舅舅家，他就绝对不去，能不跟表弟一起玩，他就绝对不在一起玩。一次，李明甚至因为一点儿小事和表弟打了起来，弄得陈燕特别难堪。

陈燕觉得再这样下去也不是个办法。凡事总有个原因，她决定和儿子开诚布公地谈一谈。陈燕提出了自己的疑问，李明听了显得有些扭捏。在陈燕几次追问以后，李明终于开口了："我觉得你对他比对我好，好像我不是你亲生的，他才是。"

听了儿子的回答，陈燕感到非常惊讶。这话是从何说起呢？她可是发自内心地疼爱儿子，真的是全心全意，尽心尽力。于是，陈燕满心错愕地问："你怎能这么说呢？那是你舅舅家的孩子，我确实对他好一点儿，但是我对你更好啊。"

李明摇摇头说："还记得前年我们班上特别流行一款遥控汽车吗？"

陈燕想了想说："记得，你跟我磨了半个月说你想要。我当时也答应了，你考试要是年级第一，我就给你买。但是，你最后也没考到年级第一啊。"

听了陈燕的话，李明的情绪突然激动起来。他提高了声音对陈燕说："那年夏天，我们去舅舅家玩，你就给表弟买了更好的遥控车！你之前说什么遥控车太贵，只能作为考试的奖励，那怎么就舍得花钱买更好、更贵的遥控车给表弟呢？何况当时他才四岁，他连玩都不会玩！"

听了儿子的话，陈燕尴尬地说："那不是去你舅舅家做客吗，总要带点儿礼物……"

李明接着又说："上个月，我在整理东西的时候，发现我的玩具少了很多。问了爸爸我才知道，你把我攒了很长时间的零花钱买的玩具送给表弟了。"

陈燕解释说："你都是大孩子了，还要玩那些以前买的玩具吗？我看你很长时间都没玩那些玩具，就以为你已经不喜欢了。"

听了妈妈的解释，李明更生气了："我不喜欢了？你问过我了吗？不喜欢，我还攒钱买来干什么？就算是我不喜欢，也应该问一下我吧！我不是不喜欢，我是怕弄坏了，舍不得玩。"说完，李明气冲冲地回房间了。

晚上，李明爸爸回来了。陈燕把事情和李明爸爸说了，狠狠地抱怨了儿子一番。没想到，李明爸爸不仅没安慰她，反而对她说："你有几个包很久都没背了，还有那条白金项链也很长时间没戴了，要不就都送给你妹妹吧。"

陈燕马上翻脸说："凭什么啊？我不戴也不能随便送人啊。我知道你想用这种方式让我知道，我做错了。但情况不一样，他还是个孩子，再说不就是几个玩具嘛，又不是什么大事。"

李明爸爸一本正经地说："孩子怎么了？孩子也有自己的喜怒哀乐。玩具在你眼里是玩具，但在孩子的心里可比你对白金项链更宝贝。"

陈燕明白了李明爸爸的意思，隔天就向孩子道了歉。

成年人之间有许多社交规则，想要搞好与他人的人际关系，最基本的一点就是不要做冒犯他人的事情。敏感型孩子由于与众不同的特质，导致他更容易感觉到自己被冒犯了。父母在面对敏感型孩子时，千万不要觉得"他只是个孩子""他还不懂事"。父母怀着这样的想法去做事，必然会让孩子觉得不舒服、不愉快。那么，有哪些行为是父母很少注意到，会冒犯敏感型孩子的呢？

1. 擅自处理属于孩子的东西

这一点是非常常见的。在孩子还小的时候，不管是购买、更换、舍弃某些物品，都是父母来做决定。孩子在特别小的时候，往往没有自己判断和辨别事物好坏的能力，持无所谓的态度。但是随着孩子逐渐长大，开始有了自己明确的喜好，有了明确的自我认知。此时，父母就不该这样做了。

即便所有东西都是父母购买的，孩子也是这些东西的所有者和使用者。在处理孩子的东西之前，一定要征得孩子的同意。如果是孩子用攒的零花钱或者压岁钱购买的，那么孩子拥有这件东西就更加名正言顺了。这个时候父母再强硬地处理孩子的东西，不仅会引发孩子的不满，甚至会使孩子与父母反目。

2. 在别人面前说自己孩子的不好

孩子总是自己的好，这句话不假。但是，在外人面前中国父母却不太注重褒奖自己的孩子，反而会出于谦虚，说自己孩子的不好。但实际上，这种行为会给敏感型孩子带来很大的伤害。

孩子到底好不好，孩子对自己也是有评价的。虽然这个评价可能会有些偏颇，不够全面，但是也有一定的标准。有时候父母为了谦虚，在别人面前说自己孩子的不好，这与孩子的认知相悖，也让孩子觉得自己丢了面子。

3. 妄自评价孩子喜欢的东西

不贸然地批评他人的喜好，这是成年人交际最基本的法则。因为成长环境、家庭、个性、受教育程度的不同，每个人对事物都会产生不同的看法和不同的喜好。我们可以不理解对方的喜好，但不应该贸然地批评或者指责别人的喜好。

对孩子也是如此，每个孩子都有自己的喜好，比如喜欢吃什么食物，喜欢什么颜色，喜欢看什么动画片，喜欢和谁交朋友。

很多父母总是想把最好的东西给孩子，因此经常会否定孩子看上的东西，转而向孩子推荐自己认为合适的物品。甚至有的父母粗暴地干涉孩子结交朋友，将某个孩子划入不该交往的黑名单。

父母和孩子的认知是不同的，就如双方的身高不同，看见的风景也不一样。孩子喜欢什么，自然有其原因，喜欢和谁在一起，也不是全无道理。父母可以和孩子交流对这些事情的不同看法，但绝对不能粗暴干涉，不然只能引起孩子的反感。很多父母都因为简单粗暴的做法而遭到孩子的反对、顶撞，但他们将这归咎于孩子的叛逆期提前到来，孩子不听话了，从没想过问题是出在自己身上。

敏感型孩子的痛点总比别人多

自从"痛点"这个概念被人们广泛使用以后，越来越多的领域开始运用痛点来左右人们的行为。从推销到说服，只要针对不同群体的不同痛点，就能起到事半功倍的作用。

孩子同样有痛点。每个孩子都会有不同的想法、不同的需求，他们在乎的事情也大不一样。而敏感型孩子的痛点远比普通孩子更多一些。

最让父母头疼的事情，莫过于孩子难教。而在敏感型孩子身上就很少出现这样的情况。敏感型孩子能发现更多的事情，也能记住更多的事情。他们身上真正存在的问题是记的事情太多，却被知识与阅历、经验所限制，难以灵活地应对所有情况。

记住的东西越多，就越迷茫，特别是在众多事情相互矛盾的时候，就更难找到正确应对事情的方法。而这个时候，就会出现痛点。

记住的事情越多，被冒犯的可能性就越大。如果父母告诉孩子，这样做对他人不礼貌，这样的话不应该对别人说，那么，在孩子遭遇这样的事情，有人对孩子说这样的话时，就会出现痛点。

毛毛作为一个敏感型孩子，也是痛点较多的典范。刘女士不止一次地向朋友抱怨毛毛这个孩子有多难教育。她并不觉得毛毛的难教育来自他的聪明、敏感，而是觉得毛毛一根筋、古板、不懂变通。正是因为毛毛的不懂变通，让他比其他孩子多出了许多痛点。

一次，刘女士带毛毛去亲戚做客。毛毛太想念亲戚家的小弟弟了，对方刚刚打开门，毛毛就兴奋地冲了进去，要找小弟弟玩。刘女士尴尬地把毛毛抓了回来，帮毛毛换了拖鞋，让毛毛和长辈们都打过招呼才放他进去。

后来，刘女士教育毛毛说："你到别人家怎么能不换拖鞋就直接进去呢？这不是直接把别人家的地板弄脏了吗？这样做一点儿礼貌都没有，不是好孩子！"

从此，地板问题就成了毛毛的痛点。不管去别人家，还是回自己家，毛毛总是特别介意自己有没有换拖鞋，或者把地板踩脏。有一天，毛毛爸爸喝醉了，开门的时候没站稳，没有换拖鞋就跌跌撞撞地进了门。看着被踩脏的地板，毛毛冲着爸爸发了好一顿脾气。

对于毛毛的表现，刚开始刘女士是非常满意的。这样去别人家，显得毛毛是一个懂规矩、有礼貌的好孩子。毛毛在自己家会尽力保证不弄脏地板，也会要求爸爸妈妈不要弄脏地板。这大大地减轻了刘女士的家务负担。但是刘女士没得意多久，这件事情就朝着让她哭笑不得的方向发展了。

一天，刘女士和几个朋友约好了一起外出，集合地点就是距离目的地最近的刘女士家。住得比较远的几位朋友结伴而来，他们同时到了刘女士家。由于家里很少有这么多客人，拖鞋数量远远不够。刘女士只好对大家说："地板也不怎么干净，别换拖鞋了，直接进来吧。"

就在几个朋友进门的时候，毛毛突然出现了。他大声地指责刘女士的朋友不换拖鞋就进来，把地板都弄脏了。他一边说，还一边用小手把客人往外推。

这件事情让她开始为毛毛有些担心。

新学期开学的时候，老师要求每个学生都准备一支钢笔，因为新学期要学习用钢笔写字。刘女士带毛毛去了一家专卖钢笔的商店。毛毛很快就选中了一支外观华丽的钢笔，牌子也是知名品牌。刘女士一看价格，倒抽了一口凉气。这一支钢笔，怕是要花掉刘女士整整两个月的薪水。

售货人员问刘女士，是否需要把钢笔拿出来给毛毛看看。刘女士赶紧摆摆手说："我就是来给孩子选一支上学用的钢笔，不需要这么贵的。"售货人员马上就为毛毛推荐了几款物美价廉，且适合初学者使用的钢笔。

刘女士以为这不过是生活中的一个小插曲，没想到毛毛却把这件事情记在心里。从那天开始，毛毛就很少跟刘女士要东西。哪怕平时经常买的一些零食，毛毛也只是看一看，不向妈妈开口要。

一个周末，爸爸带毛毛去超市采购生活用品。原本毛毛最喜欢去超市，因为超市里有那么多好吃的、好玩的，而且爸爸总会满足他的要求。但是，这次毛毛很反常地没有跟爸爸要什么。从进超市到出超市，毛毛没有往购物车里放一件自己想要的东西。

回家整理东西的时候，刘女士敏锐地发现了这个情况。在询问丈夫后，刘女士才知道，毛毛今天居然什么都没买。当时刘女士还是很开心的，她觉得毛毛长大了，改掉了馋嘴的毛病。就在她叫来毛毛，问他为什么不买零食，准备夸奖他几句的时候，毛毛的回答让她顿时瞠目结舌。

"妈妈，我们家是不是没钱了？我以后不吃零食了，给家里节省一点儿。"

刘女士详细地问过毛毛以后才知道，毛毛一直以为钢笔是和铅笔价格差不多的东西，应该很便宜。家里连买钢笔都要买最便宜的，那一定是没钱了。于是懂事的毛毛决定少花一点儿钱，为家里减轻一点儿负担。

敏感型孩子与其他孩子比很容易产生痛点。有些时候一句话、一件小事、一个细节，在他们心里都可能产生父母想都想不到的痛点。这些痛点有些看起来并不起眼，有些甚至被父母认为是孩子懂事的表现。但实际上，每一个痛点将来都有可能发展成一种人格障碍。想要避免这些痛点的出现，父母要做好以下几点。

1.孩子出现异状，不管结果好坏，原因要搞懂

孩子是天真的，孩子的想法总是让成年人很难弄明白。因此，当孩子身上出现与平时表现不符的行为时，父母并不觉得奇怪。比如孩子突然变得懂事了，孩子突然变得会说话了，变得殷勤了，变得爱干净了，这个时候父母的反应往往是"孩子长大了"。

然而，孩子长大是一个循序渐进的过程，任何孩子都不可能在不经历事情的情况下突然长大，突然懂事，突然变得成熟。孩子的表现反常必然是有原因的。敏感型孩子更容易表现反常，这是因为敏感型孩子更容易受到外界的影响，更容易共情，也就更容易对事物的细微变化有所感触。

总之，一旦孩子的某些行为一反常态，那就必须弄清楚是什么原因，绝对不能简单地归究为孩子"懂事了""长大了"等原因。

2."为什么"比"怎么做"更重要

教育的真正目的是什么？我们教育孩子的真正目的是希望孩子能学会做事情的方法，而不是机械地去做事情。如果在教孩子的时候，只告诉孩子怎么做，孩子对这件事情的理解就会变得僵硬、死板。特别是对于敏感型孩子来说，这种行为甚至会让他们形成"强迫症"等轻度的人格障碍。

因此，在教孩子怎么做的时候，必须让孩子知道为什么要这样做。有这样做的原因，就有不能这样做的原因，孩子会自行判断当前状况是否满足条件，从而选择自己的做法。久而久之，可以培养孩子独立思考的能力。

同样的事情，敏感型孩子会有
不一样的情感体验

虽然人与人之间的基因相似度高达99%，但基因之外的东西是千变万化的。从生活中我们不难发现，人与人之间的差别非常大。每个人都有自己不同的喜好、不同的性格特征，甚至对待同样一件事情都会有截然不同的看法。每个小小的细节，都会让人们对这件事情产生全新且不同的观点。而对于敏感型孩子来说，对待不同事情的情感体验将会有更大的差别。

敏感型孩子通过其强大的共情能力和细致的观察能力，总是能从不同的问题中得到不同的答案。一件事情，放在普通孩子身上，可能会引以为傲；但敏感型孩子往往会发现其中的不足，甚至为此感到羞愧。当父母说某件事情时，普通孩子可能会顺着父母的引导给出父母想要的答案，而敏感型孩子则会看到事情的不同侧面，给出一个很多成年人都没有发现的答案。

也正是因为如此，父母很多时候会觉得敏感型孩子总是表现得喜怒无常。比如孩子突然变得很高兴，突然又不知道因为什么事情而生气，这似乎就是他们的日常。但实际上，任何事情都是有迹可循的，敏感型孩子的喜怒也一样。只是对同样的一件事情，他们往往更容易产生不一样的情感体验，所以才会让并不敏锐的父母摸不着头脑。

"陪伴敏感型孩子成长是一件非常艰辛的事情！"这是安琪时常发出的感叹。

安琪六岁的女儿瑶瑶就是一个特别敏感型孩子。按照安琪的话说，瑶瑶特别"玻璃心"。前几天，安琪陪女儿练钢琴，发现女儿在练习时某些地方有点儿问题，便好言好语地提醒了几句。可是她没想到，她一句批评的话都没说，女儿就瞬间红了眼睛、闷闷不乐了许久，仿佛受了天大的委屈。

这样的事情对于安琪来说几乎是"家常便饭"。很多时候，她甚至会对和女儿交流感到紧张和恐惧，生怕哪句话没说对，又戳到女儿脆弱的心房，让女儿接受不了。

刘芳邻居的孩子陶陶，和瑶瑶年纪相仿，也是敏感型孩子，只不过他的"过敏"表现要比瑶瑶强烈得多。如果说遇到让自己"过敏"的事情，瑶瑶第一反应就是流泪哭泣，那么陶陶的第一反应则是愤怒、生气、摔东西。

依据这种情况来看，照顾陶陶显然要比照顾瑶瑶麻烦得多。令人惊讶的是，陶陶和妈妈李莉的关系十分亲密。每次陶陶发脾气的时候，他妈妈李莉总能很快安抚他，让他安静下来。

有一次，安琪到刘芳家拜访，正好在电梯门口碰到陶陶和妈妈李莉。当时陶陶正在发脾气，还愤怒地踢了电梯门一脚。见到这样的情形，安琪不免有些头大，正打算退避三舍，就见陶陶的妈妈李莉半蹲下来，平静地问陶陶："为什么生气？"

陶陶满脸愤怒地大声说道："刚才那个人在车上抽烟，难闻死了！"

陶陶妈妈又接着问："是因为烟味儿不好闻，才生气吗？还是有别的原因？"

陶陶抿着嘴想了想，说道："他没有公德心。老师说，在公共场合不能打扰别人。他抽烟，味道儿难闻，打扰了别人……为什么会有这么讨厌的人？他都不知道这样做是错的吗？"

听了陶陶的话，陶陶妈妈李莉摸了摸他的头，说道："你说得对，那个人在公共场合抽烟确实不对。可是，你在公共场合乱发脾气，刚才还踢电梯门，损坏公物，你认为这样的行为是正确的吗？"

陶陶的眼睛里顿时蓄满了泪水，低着头一声不吭。过了一会儿，虽然陶陶有些不情愿，但还是低声说道："对不起，妈妈，我错了……"

陶陶和妈妈李莉的这段对话让安琪深感触动。她突然意识到，一直以来，自己都习惯用自己的思维方式来评判女儿的言行，却从来没有真正地去了解过女儿的内心。同样一件事情，带给自己和女儿的情感体验或许是截然不同的。

比如，当别人遇到有人在公共场合抽烟时，或许会因为味道不好闻而捂着鼻子走开，顺便在心里谴责一下对方，然后就将这件事抛诸脑后了。但是，这对陶陶来说，这样的事情会引发他更多的思考。他会想，对方为什么会做出这样没有公德心的行为，甚至因此而愤怒不已。

与敏感型孩子相处，除了包容和耐心，父母更应该学会理解和接纳他们，走进他们的内心，理解他们突然的"情绪化"。只有这样父母才能更好地引导和教育敏感型孩子，发掘他们的优点，帮助他们成为更优秀的人。那么，作为父母，有哪些事情需要注意呢？

1. 不要随便给孩子"贴标签"

很多父母都会习惯性地为孩子贴上一些"标签"，比如孩子闹腾，就认为他们"淘气"；孩子容易哭，就说他们"玻璃心"；孩子学习成绩不够好，就认为他们"不会学习"……父母为孩子贴的这些"标签"，其实就相当于一种暗示，告诉别人也告诉自己，我的孩子就是这样的特性，"淘气""玻璃心""不会学习"等。当这种"暗示"被人们接受后，人们就会理所当然地忽略孩子一些细微的情绪变化与感受。

比如，当你接受孩子"玻璃心"设定的时候，看到他难过、哭泣，就会下意识地认为这是一种常态，毕竟平时可能一丁点儿鸡毛蒜皮的小事，就能让他难过半天。这样一来，你就会不再重视孩子的情绪变化，也就更不会去关注孩子产生情绪变化的缘由。而敏感型孩子对他人的情绪态度变化是非常敏锐的。当他意识到这一点的时候，自然也就不会再对父母敞开心门了。

2. 正确引导，接纳孩子的情绪表达

面对同样的一件事情，不同的人会产生不同的想法和情感体验，这很正常。作为父母，应该学会允许并接受孩子的情绪表达，而不是因为自己觉得不在意，觉得这是小事，就不允许孩子产生情绪。

当然，如果孩子在表达情绪时，用了不恰当的发泄方式，那么，父母也必须给予孩子正确的引导，告诉他什么是对的，什么是错的。就像陶陶妈妈那样，既允许孩子表达自己的情绪，同时也耐心地引导孩子，让他明白，在公共场合乱发脾气，甚至损坏公物，是一种不文明的行为。

他们总是能够看到那些负面的东西

曾看到这样一个故事。

两个孩子在花坛边玩耍，一个孩子突然哭着对妈妈说："妈妈，快看，这些花下面全是刺！"而另一个孩子却笑着对妈妈说："妈妈，快看，这些刺上面都开满了花！"

明明是同样一件东西，不同的人总能看到不同的画面。看到花的人或许不能理解看到刺的人为何哭泣，就如同看到刺的人不知道为什么看到花的人会欢笑一般。

作为父母，我们自然希望孩子的眼中能够时时鲜花盛放，遇到任何事情，都能积极向上，欢笑应对。但是很可惜，我们无法掌控孩子的思想，也无法控制孩子的视角，我们唯一能做的，只是在孩子因看到刺而哭泣时，接纳和理解他们，而非给予指责与冷漠。

伟强特别推崇"流血不流泪"的男子汉，从他给儿子取名叫"小刚"就能看出他对儿子的期许。但是，令伟强感到郁闷的是，小刚并没有如他所期望的那般，长成一个"钢铁硬汉"。伟强越来越发现，儿子的性格随着年龄的增长，似乎有些"不对劲"。

事情还要从伟强上次休假的时候说起。平日里伟强工作特别忙，主要是妻子在照顾家。虽然伟强不认为"男主外、女主内"有什么不对，但也希望能多抽一些时间来陪陪老婆孩子。因此，在完成一个大项目后，伟强请了长假，准备暂时回归家庭。

在家里待的时间多了，伟强发现，小刚的性格似乎存在一些问题。有一次，小刚从幼儿园放学回家一直嘟着小嘴，一副不开心的样子。伟强关心地询问两句，小刚居然开始委屈地流眼泪，弄得伟强手足无措。

后来，在妈妈的安抚下，小刚才断断续续地把幼儿园发生的事情讲述出来。原来今天中午吃饭的时候，小刚不小心把碗打翻了。虽然老师没有批评他，但是整个下午，小刚都觉得老师对他十分冷淡，这让小刚非常在意。小刚觉得这件事导致老师对他有意见，甚至不再喜欢他了……

儿子的话让伟强非常吃惊。他怎么也没想到，就这么一件小事，居然就能让小刚纠结成这样。伟强想也没想就皱着眉头说了一句："你一个男孩子，怎么那么矫情？这是多大点儿事儿啊，值得你哭得跟一个小姑娘一样……"

结果，这话一出口，儿子更是哭得梨花带雨，之后好长一段时间都没搭理伟强。这让伟强郁闷不已。

后来，伟强一度试图用"铁血教育"来"纠正"小刚的性格，甚至差点儿逼得小刚上演一出"离家出走"的戏码。幸好小刚妈妈及时发现了小刚留下的"辞别信"，这才避免了一场悲剧。

现在，伟强每次和儿子相处，都觉得很有压力。他不明白，一个男孩子，为什么会这么"玻璃心"，看事情也总是看到负面的东西，一点儿都不积极向上。可是他也不知道该怎么教育儿子……

很显然，小刚就是典型的敏感型孩子。在伟强看来很多不值一提的事情，对小刚来说却很难轻描淡写地去对待。那么，为什么敏感型孩子都这样"玻璃心"呢？

在很多人的印象中，"敏感"似乎并不是一个褒义词，因为敏感型孩子在遇到事情时，似乎总是比其他人更容易产生消极情绪。也是因为这样，很多敏感型孩子都容易给人一种"矫情""玻璃心"的感觉。其实，之所以会这样，是因为敏感型型孩子在遇到事情时，往往想得更多，对常人容易忽略的一些细节也极度敏感，所以总是能够看到和想到一些负面的东西。

那么，我们究竟应该怎样和敏感型孩子相处呢？

1. 接纳孩子的不良情绪，鼓励他说出内心的真实想法

很多时候，父母并不能意识到，即便是同样一件事情，带给他们与敏感型孩子的情感体验，可能是截然不同的。父母认为不值一提的小事，却可能对敏感型孩子造成强烈的情感冲击。如果父母总是习惯将自己的思维与感受套用在孩子身上，而无视孩子的情绪变化，甚至对孩子的痛苦与烦恼嗤之以鼻，久而久之，孩子必然会因为感受到父母的拒绝和忽视而关闭心门。

所以，当发现孩子因为某件事而产生情绪变化的时候，不要凭借自己的主观意识去臆断这件事情究竟是"不值一提的小事"还是"值得烦恼的大事"，而是应该把倾诉的机会让给孩子，鼓励他们说出自己内心最真实的想法。只有这样，我们才能真正找到孩子情绪变化的症结，从而进行有效处理。

2. 学会欣赏孩子的"与众不同"

美国心理学家伊莱恩·阿伦在其著作中这样写道："高度敏感是一种先天个性，是由遗传物质所决定的，从孩子一出生就存在了。在全世界，大约有 15% ~ 20% 的孩子具备这样的特性。敏感型不是缺憾，也不应该被

贴上‘难搞’‘麻烦’之类的标签。相反，这是上帝赋予这类孩子的特殊礼物，父母们应该学会欣赏和保护。”

不可否认，陪伴敏感型孩子确实不是一件容易的事，敏感的天性会让他们拥有比常人更反复无常的情绪变化。但是从另一个方面来说，这种天性也赋予他们比常人更强大的共情能力和更敏锐的观察能力。父母真正应该做的，不是强迫孩子违背自己的天性，变得"和别人一样"，而是应该懂得欣赏孩子的与众不同，从而帮助他们成为更优秀的人。

3. 为孩子营造安全的外界环境和心理环境

敏感型孩子对外界的感知往往要比常人更为敏锐。他们通常也比常人更加谨慎，面对事情时的所思所想也会更为复杂，一点儿风吹草动就可能惊动他们，引起他们的警觉与戒备。

因此，父母一定要注意为敏感型孩子营造安全的外界环境和心理环境，同时也要鼓励他们勇敢地尝试新鲜事物。如果孩子表现出对未知事物的担忧，父母也不要觉得他们是杞人忧天，而是要多给他们一些时间，告诉他们，父母一直都会陪伴他们左右。

过度认真，最后就成了较真

在生活中，面对同样的事物，不同的人往往会产生不同的反应。比如有的人对温度敏感，天气一热就离不开空调，天气一冷就恨不得时时靠着暖气；而有的人无论天冷天热都是只穿一件外套。人们将在生理或心理上对外界事物能迅速作出反应称之为"敏感"。

在人际交往中，我们经常会遇到这样一些人，他们对待任何事都会露出过分认真的态度。哪怕别人一句不经意的玩笑话，也可能被他们放大解读，甚至"脑补"出各种"内涵"，认为别人是针对和嘲讽自己，这样的人实际上就属于敏感型的人。

这样的情况并非只存在于成年人中，实际上，这种敏感型特征在孩子身上会表现得更为突出。因为相比成年人来说，孩子对情绪的控制力往往要弱得多，情绪变化也会更加明显。

王茜的女儿欣欣，今年五岁，是一个活泼好动、有些敏感的小姑娘。虽然平时王茜经常抱怨，说欣欣脾气不好，变脸跟变天似的，前一秒还笑得阳光灿烂，后一秒就莫名其妙地为一件小事闹翻天，但真正领教到欣欣的坏脾气，还是上次王茜带她到办公室找好友刘静的时候。

那天下午，王茜带欣欣到办公室找刘静谈事情。刚一进来，欣欣就开始左顾右盼，似乎在观察办公室里的情况。因为她也只是好奇地四处看，并没有随便走动，所以王茜也没有制止她。看着她一副小侦察兵似的样子，刘静觉得十分有趣，就忍不住笑了出来。

没想到前一秒还在兴致盎然、四处观察的欣欣，在听到刘静的笑声之后，突然就变脸了，怒气冲冲地指着刘静大声说她是坏人，觉得刘静是在嘲笑她。王茜有些尴尬，低声训斥了欣欣两句，欣欣的眼睛里顿时就含满了泪水。那天，小姑娘愣是生了一下午的气，甚至在很长的一段时间，每次见到刘静都跟见到敌人似的，充满了敌意。

通常每个孩子都会有一定的敏感度，能够分辨来自他人的善意或恶意。而欣欣就属于敏感型孩子。她非常聪明，对别人的情绪变化非常敏感。也正是因为这样，她在对待某些事情时，会显得有些过度认真。就像刘静因为她的行为而发笑，本来只是有些调侃的意味，但是她会不自觉地将这种"调侃"放大，甚至解读出"嘲讽""嘲笑"等负面的信息。

对待事情认真，这是一件好事，但是过度认真就成了较真。当然，如果父母引导得当，能让欣欣学会控制自己，不要凡事都钻牛角尖，那么较真一些倒也没什么坏处。那么，为什么有的孩子特别较真呢？这需要从两个方面来解释。

1. 基因与遗传决定的先天性格

从基因与遗传方面来说，不同的人五感的敏锐度是存在差异的。比如有的人视觉比较敏感，善于观察，能够敏锐地觉察到常人容易忽略的细节；有的人听觉比较敏感，能够捕捉到常人注意不到的声音；有的人味觉比较敏感，哪怕食物味道有一点点不对劲，也会让他们如鲠在喉；有的人嗅觉比较敏感，即便有一点儿异味，也会让他们的鼻子备受折磨；有的人触觉比较敏感，对别人来说不痛不痒的伤痕，对他们而言却是痛苦万分。正是因为如此，很多五感敏锐度高的人，在对待某些事情时，往往会给人一种过于较真的感觉。

除了上面所说的生理敏感之外，个性的遗传也会导致孩子敏感性格的形成。比如父母如果都是比较敏感的人，那么这种特性就很可能会遗传给孩子，让孩子变得特别较真。

2. 后天教育环境的影响

人的性格形成是先天遗传与后天教育共同形成的结果。一个家庭的教养方式，对孩子个性的形成及敏感的程度具有非常重大的影响。

举例来说，当孩子做事不小心出现失误时，注意，不是错误，而是失误，父母的态度是非常重要的。如果父母对孩子的失误表现得非常在意，甚至对孩子进行严厉的批评，那么这种态度就会直接影响孩子，让孩子对待事情的态度变得小心翼翼，或者因为父母的反应过度而出现委屈、愤怒的情绪。久而久之，这种影响就会让孩子变得比较敏感。

除了家庭教育环境，孩子所处的其他环境，以及身边经常出现的人，长辈或同伴等，同样会影响孩子的敏感度。

总的来说，爱较真的孩子并不是故意"找茬"。很多时候，对于大人来说不值一提的小事，对孩子而言却可能是天大的事情。因为他们习惯了已有的规则和标准，甚至很多时候，他们的较真仅是为了能够更好地取悦父母，保证自己乃至周围的人都不犯错。

事实上，只要父母引导得当，让孩子不要钻牛角尖，那么稍微较真一些，也没有什么坏处。这样反而更能让孩子在做事情时有一个更认真的态度。

因为敏感，所以焦虑

世界上没有两片完全相同的树叶，也不存在两个完全相同的人。早在婴儿时期，每个孩子就已经展现出了各自不同的性格，即使不会说话，不能逻辑清晰地思考，但是他们已经有了明显的差异。

比如有的孩子认生，除了亲近的人，无论谁靠近都会哭闹不休，而有的孩子不管面对谁，都能笑靥如花；有的孩子脾气好，不管怎么折腾都乖乖巧巧的，而有的孩子受不得一点儿风吹草动，些许刺激都能让他们哭得撕心裂肺；有的孩子不挑食，有的孩子什么也不爱吃；有的孩子喜欢安静，有的孩子却闹腾得不行；有的孩子总能自娱自乐，有的孩子却少不得一分钟的陪伴……

瞧，即使孩子还不会说话，甚至还未建立清晰的逻辑思考能力时，就已经本能地展露出了独特的个性与习惯。而从父母的角度来说，一个安静、沉稳、脾气好的孩子，显然要比那些动辄就陷入焦虑、闹腾不已的孩子省心得多。

孩子为什么容易焦虑？这是令很多父母都百思不得其解的问题。有的父母将此直接归结为"性格问题"，认为孩子天生就是"脾气坏""作""爱找碴""玻璃心"等，甚至试图通过一些强硬手段来对孩子的性格进行改造和重塑。

但事实上，很多时候，孩子容易焦虑往往是因为自身的敏感特性。比如孩子认生，可能是出于对陌生的人或物的高度警惕；孩子的挑食或许源自他们灵敏的舌头和对味道的敏感；孩子闹腾或许只是在表达对陌生的外界环境的抗拒……

所以，当孩子表现出易焦虑的现象时，父母不要急着去否定或纠正他们，而是应该多给孩子一些包容与理解，了解造成他们焦虑的根源，从而更好地解决问题。

初为人母，谭女士既忐忑又兴奋，恨不得把全世界最好的东西都捧到儿子童童面前。为了更好地抚养儿子，让他能健康快乐地长大，谭女士阅读了许多育儿方面的书籍，也请教了身边许多照顾孩子有经验的人。但是，她很快就发现，这些"经验之谈"和"育儿秘籍"在童童身上，似乎都不怎么管用。

早在童童出生前，谭女士就在朋友的大力推介下购买了一张十分豪华的婴儿床，上面缀满了各种各样的挂饰和玩具。据说这些是许多小朋友的"最爱"。可童童似乎对这张婴儿床没有任何好感。每次谭女士把他放到床上，他都会表现得十分焦躁，有时甚至号啕大哭。最终谭女士只好将这张婴儿床束之高阁。

童童非常认生，除了妈妈之外，有时候连爸爸都不让抱，更别说陌生的叔叔阿姨了。谭女士对此一开始也没放在心上。有一次，谭女士带童童到朋友家玩。朋友五岁的小女儿见童童可爱，便上前拉了拉他的小手，结果童童嘴巴一撇就大声地哭了出来。任凭谭女士怎么都哄童童都安静不下来，弄得朋友十分尴尬。也就是从这时候开始，谭女士才意识到，童童对于别人的触碰似乎有些敏感过头了。

此外，对于陌生的环境，童童也表现得十分抗拒。每次谭女士想像其他父母一样带孩子去见识广大的世界，都会因为童童的哭闹而告终。对童童来说，陌生与未知带给他的似乎只有恐惧与焦虑。

等到了上幼儿园的年纪，童童更是对幼儿园抗拒不已。其他孩子能很快和其他小朋友玩在一起，只有童童总是独自坐在角落里，远离人群。对于童童的状态，谭女士一直担忧不已。她不知道怎样才能让童童和其他小朋友一样，胆子变得大一些，性格变得活泼开朗一些。

面对同样的事情，敏感型孩子和普通孩子拥有的情绪体验截然不同，这就是为什么很多时候，对普通孩子来说不值一提的事情，总会让敏感型孩子陷入焦虑和抓狂。那么，作为父母，在和敏感型孩子相处的时候，有哪些事情是需要注意的呢？

1. 婴儿时期，让孩子尽量处于熟悉的环境中

对于敏感型孩子来说，外界的任何一点儿变化，都可能会带给他们强烈的情感反应，从而引发焦虑。所以，当孩子处于婴儿期时，如果发现他们属于敏感型孩子，那么最好尽量让他们处在熟悉的环境中，减少带他们出行或访客的频率，以免打破孩子内心的安全感。

父母在为孩子准备婴儿床的时候，也要注意，避免过多的挂饰、玩具，以及可能产生嘈杂声的东西，避免刺激到孩子敏感的神经。

如果条件允许，在孩子一岁之前，最好尽量避免搬家或长途旅行等，因为敏感型孩子对外界的变化感知是非常敏锐的，较大的改变往往容易引发他们焦虑。

2. 控制情绪，多给孩子一些时间和耐心

相比成年人而言，孩子对自身的情绪掌控力显然要弱一些，而敏感型孩子对外界的刺激往往要比其他孩子敏锐得多，因此也更容易陷入焦虑，难以控制自己的情绪。所以很多时候，敏感型孩子都会给人造成一种"脾气差""无理取闹"的印象。

对此，父母一定要摆正心态，尤其是在孩子被坏情绪掌控时，不要强求他立刻做出改变，或给他很大的压力。此时，父母要多给他一些时间，让他有足够的空间去调节自己的情绪。

此外，很多敏感型孩子都有一个共同特点，那就是经常哭泣和尖叫。

遇到这种情况时，父母一定要控制好自己的情绪，冷静地去安慰、引导孩子，让他们的情绪逐渐平复下来。如果父母无法控制自己的情绪，那么只会让孩子的情况变得更糟糕。

3. 做好准备，陪同孩子一起适应新环境

对于敏感型孩子来说，每一次外界环境的变化，都会带给他们多于常人的刺激，从而引发焦虑。但生活不可能总是一成不变的，总要接触新的环境、新的人。这种时候，父母最好能够陪同孩子一起去适应新的环境，在孩子焦虑时给予他们安全感。

比如送孩子上幼儿园前，父母可以提前陪同孩子一起到幼儿园附近走走看看，让孩子预先熟悉一下幼儿园的新环境。如果条件允许，父母还可以帮孩子在幼儿园找一个合得来的小伙伴，让孩子能够更好地融入新环境。

需要注意的是，有的父母偶尔会采取一些比较激烈的手段来"训练"孩子，比如假装把胆小的孩子"丢"在街头，以此来逼迫他们主动和路人搭话，训练胆量。但这种方法对敏感型孩子来说没有任何作用，甚至可能会起到相反的效果。因为敏感型孩子的胆小主要源自其对周遭环境的过分敏感。这样的特性往往会导致他们更容易注意到别人忽略的细节，甚至就此而引发许多不好的联想。这种方式只会加深敏感型孩子的恐惧，让他们变得更加焦虑。

对伤害过度恐慌，
他们选择用自闭保护自己

孩子的世界往往比成年人的世界单纯得多，因为他们不会考虑太多的利益得失。只要别人给予善意，孩子就会回报善意。也正是因为这样，孩子之间的友谊总是建立得非常快，一颗奶糖、一件玩具，甚至一个微笑，都可能成为孩子之间建立友情的契机。

然而，也有一些孩子有着很牢固的心理防线。不论是谁，想要走进他们的内心，都不是一件容易的事。他们习惯将自己隔离在人群之外，习惯用自闭来保护自己，面对世界。但是，他们并非天生的孤独者。他们会用羡慕的眼光来看别人的玩乐，也渴望来自他人的温暖与关注。但是若靠近他们，他们又是一副拒人千里的态度。

对于这样的孩子，很多父母总会简单地将其归结于孩子个性的"腼腆"和"胆小"。但实际上，导致他们在与人交往时停步不前甚至自我封闭的原因，是对伤害的过度恐慌。因为拥有一颗敏感的心，因为总能捕捉到那些不经意出现的恶意与负面情绪，所以他们选择用自闭的方式来保护自己。不向前就不会摔倒，不伸手就不会被拒绝，不交付信任就不会被伤害——这才是真正让敏感型孩子变得"胆小"和"腼腆"的根源。

太宰治的《人间失格》中有这样一句话："胆小鬼连幸福都会害怕，碰到棉花都会受伤，有时还被幸福所伤。"徐女士在读到这句话的时候，立刻就想到了自己的儿子文文。在她看来，文文正是这样一个"胆小鬼"。

在文文很小的时候，徐女士就已经发现了他的胆小。还是婴儿时，文文就对外界环境的变化十分敏感。每当处在陌生的环境时，文文就容易变得焦躁不安。而且文文还特别认人，除了爸爸妈妈，就连爷爷奶奶都不让抱。

那时候，徐女士一直以为，是孩子年纪太小的原因，只要等年纪大一些就没事了。可没想到，随着年龄的增长，文文变得越发"胆小"。其他父母都担心孩子爱跑爱跳，横冲直撞，一不小心就可能伤到自己，而徐女士总是担心儿子太过安静，太过胆小。

上幼儿园后，徐女士以为，只要和同龄的孩子多接触，文文也会变得开朗起来。但她很快就发现，儿子在众多孩子中总是显得十分不合群。当孩子们聚在一起玩时，文文总会独自坐在一旁，充满渴望地看着他们在欢笑中游戏。但是如果有人想邀请文文加入游戏，他又会安静地离开。

徐女士也试过鼓励、甚至强迫文文和其他孩子一起玩，但这样做的结果却让文文变得更加孤僻，甚至不愿意和父母交流。

为了走进儿子的内心，带他走出封闭的世界，徐女士阅读了许多相关书籍，和很多有类似经验的父母进行交流。

徐女士通过耐心的交流，发现文文的胆小和她所想的并不一样。文文胆小不是因为性格怯懦，而是因为他比其他孩子敏感得多，想得也更多。别的孩子如果遭到拒绝，或许只会难过一会儿，就把这事抛诸脑后了。但是，如果文文遭到拒绝，他就会反思，对方为什么拒绝自己，自己是否哪里做得不好，对方是否讨厌自己等，之后再遇到类似情况，为了避免遭受伤害，他可能就不再主动向别人请求什么了。

简单来说，文文之所以"胆小"，是因为他对负面情绪过分敏感，对伤害有着过度恐慌的情绪。所以，文文才会选择用自闭的方式将自己和其他人隔离开来，从而保护自己不会受到伤害。

此后，她不再逼迫文文变得和普通孩子一样，也不再逼迫他和同龄小朋友搭讪。

很多父母发现孩子性格胆小、腼腆时，都试图通过比较强硬的手段去改变他们，比如强硬地要求他们和同龄人搭讪，甚至强行将他们带入到同龄人的团体中。事实上，这样的方式对敏感型孩子来说，不仅不会有任何帮助，反而可能对他们造成难以弥补的伤害。

要知道，很多对于寻常人来说十分容易的小事，对敏感型孩子而言，却可能如洪水猛兽一般的存在。不同的思维逻辑和敏感程度，决定他们与其他人有着不同的情感体验。父母应该学会理解他们，走进他们的内心，这才是对他们最好的帮助。那么，父母应该怎么做呢？

1. 接纳敏感型孩子的"自闭"和"神经质"

与敏感型孩子相处时，父母首先应该明白，他们身上的敏感特质并不是什么过错，只是他们对外界刺激作出的一种本能反应。或许与寻常孩子相比，他们的反应会更为激烈，甚至显得有些神经质，但这并不是他们的错。更重要的是，这些特质不是通过努力就可以改正的。父母应该学会接纳孩子的情绪和反应，而不是想当然地按照自己的感受和想法逼迫孩子做出改变。

2. 学会欣赏敏感型孩子的优势

相比寻常孩子来说，敏感型孩子的成长会经历更多的烦恼和痛苦。但是任何事物都具有两面性，敏感型孩子也具有寻常孩子所没有的优势。比如他们比寻常孩子更能体察别人细微的情绪变化，拥有更敏锐的观察力，因感官敏锐而在某方面拥有无与伦比的天赋……所以，父母要懂得去发现和欣赏敏感型孩子的优势，并给予他们鼓励与支持，而不是总盯着他们身上的"瑕疵"。

3. 了解敏感型孩子的心理机制

人们总是用自己的逻辑和心理去推测别人的行为，但这样永远都不可能真正地走进对方的内心，了解他们的想法。所以与敏感型孩子相处时，不要武断地将自己的想法套用在他们身上，而是应该去了解他们的心理。比如什么事情会让他们出现不安、恐惧等负面情绪，出现负面情绪时他们心里是怎么想的。只有弄清这些，才能针对根源问题给予敏感型孩子有效的帮助。

第3章　拿什么帮助你，我的孩子

——敏感既然已成事实，父母需要做好哪些事

　　敏感只是出现在少数人身上的一种特质，家中有一个敏感型孩子，并不是什么坏事。但是，敏感型孩子在成长过程中需要父母的正确引导，他们脆弱的心灵需要父母更多的呵护和帮助。

敏感型孩子最需要的是包容与支持

有这样一些孩子：吃穿住行都十分挑剔，食物不合口味，宁愿饿着也不肯多吃一口；衣服脏了一点儿，死活都要脱下来；床的软硬程度不合心意，怎么都睡不安稳；乘坐交通工具，不是特定的位置就浑身难受；喜欢看着别的孩子玩，却不敢加入其中；别人如果对他热情，反而会吓得他转身就走，远远地离开；胆子小，玻璃心，芝麻大的事情就能让他哭个不停；别人无意中说的几句话，就能戳伤他敏感的心灵……

当然，除了这些"麻烦"的特质之外，他们也有着别人所不具备的优势：他们擅长观察，总能留意到那些容易被人忽略的小细节；他们有着很强的同理心，总能猜到别人心里在想什么；他们擅长察言观色，有着十分敏锐的洞察力……

如果你的孩子拥有以上这些特点，那么你很可能有一个高度敏感的孩子。

听到"敏感"这个词，很多人可能都会有些避之不及，因为"敏感"往往意味着"麻烦多"，毕竟在家里养一个"豌豆公主"，可不是一件容易的事。

但我们需要明白的是，敏感并不是一种"病"，也不是通过训练或努力就能克服的问题。事实上，这甚至可以说是一种基因上的优势。因为除了各种各样的"麻烦"外，敏感型孩子身上同时也具备其他人所没有的优势。

通常来说，他们无论是在智力、创造力、理解力还是情感体察能力等方面，都有着超越常人的天赋，而这也正是造成他们对诸多事情容易产生过度反应的根源。

王女士常和朋友开玩笑，说自己一个平民百姓，没有"皇后命"，却偏偏生了个有"公主病"的女儿雅雅。

雅雅从小就是一个敏感的孩子，还是婴儿时就特别认人。雅雅除了爸爸妈妈谁都不让抱，睡觉一定要有人哄，衣服得穿布料最柔软的……王女士作为母亲自然很爱雅雅，但不得不说，雅雅的挑剔有时也让王女士感到疲惫不已。

原本王女士以为等雅雅大一些，懂事了，就不再这么娇气了。可是一直到上小学，雅雅依然像娇滴滴的小公主一样，受不得一点儿委屈，还十分"玻璃心"。父母一句话说不对，雅雅的眼圈就变红了。

前段时间，王女士和丈夫闹矛盾，心情一直不太好，对雅雅自然就少了一些耐心。一天下午，王女士刚和丈夫在电话里吵完架，回家就看到雅雅把颜料弄了一地，雪白的墙壁也被画上了黄黄绿绿的线条。王女士顿时气不打一处来，冲着雅雅吼道："你一天天到底干什么？就不能乖一点儿吗？非要把我气死是不是！"

其实话刚出口，王女士就后悔了，但此刻的烦躁与疲惫让她实在没办法打起精神去哄女儿。第二天一早，王女士联系母亲来帮忙照顾雅雅，之后就出门办事了，一直到晚上才回来。令她意外的是，当她打开门的时候，出现在她眼前的，是一片画在墙上的向日葵。母亲告诉王女士，这是雅雅为她画的。雅雅说，最近一段时间妈妈都不开心，妈妈最喜欢的花是向日葵，所以她想送给妈妈一片阳光……

听到这里，王女士已经泪流满面。她怎么也没想到，昨天墙上那些让她抓狂的黄黄绿绿的线条，会是女儿精心为她准备的一份名为"爱"的礼物。

照顾敏感型孩子确实不是一件容易的事。但是很多时候，敏感型孩子也会带给我们许多的惊喜与感动。很多时候，如果我们能够多一些耐心，多给他们一些包容与支持，一定会发现，他们是世界上最可爱的天使。那么，父母究竟应该怎么做呢？

1. 摆正心态，接纳孩子敏感型天性

有时候，当孩子因为一些看似鸡毛蒜皮的小事哭个不停，或在正常的社交场合不断退缩和回避时，都容易点燃父母的怒火，以至说出诸如"为什么你不能像其他孩子一样"或"你怎么那么没有出息"之类的话。

对于父母来说，那些让敏感型孩子情绪崩溃的事情，或许确实不值一提，但这并不意味着，敏感型孩子的过激反应就是"错误"的。要知道，敏感是由基因决定的，他们不可能通过所谓努力就让自己变得不敏感。

父母应该做的是摆正心态，接纳孩子的敏感天性，理解和接受他的情绪，而不是将敏感当作一种缺陷，甚至要求孩子去成为一个所谓正常人。

2. 理解孩子，成为孩子的伙伴

很多父母以为，敏感型孩子是难以沟通的，因为他们总是容易因为一点点小事就闹脾气，不分场合地无理取闹。但事实上，敏感型孩子都很通情达理，因为他们对别人的情绪更敏感，也更能与人产生共情。他们之所以情绪多变，只是因为他们对外界的刺激更加敏感，但并不意味着他们就

是脾气差，不好相处。

所以，在与敏感型孩子沟通时，我们应该学会理解他们，放低身段，将自己当作孩子的伙伴，与他们心平气和地沟通，而不是高高在上，用命令或训斥的方式强迫他们做出改变。

3. 多一些包容，少一些强迫

有些父母在管教孩子的时候，常常习惯用激将法，试图用批评来激发孩子的斗志，让孩子发愤图强，越挫越勇。不可否认，对于一部分孩子来说，这种方法确实能够取得很好的效果，但对敏感型孩子而言，只会适得其反，伤害孩子本就敏感的内心。

要知道，敏感型孩子本就特别在乎别人的言行，哪怕没有来自父母师长的压力，他们也能不断地给自己施压。在这样的情况下，父母的激将法只会让他们变得更加畏缩不前，甚至情绪崩溃。

所以，父母应该给予敏感型孩子更多的包容，不要总是强迫他们做像正常孩子一样的事情，多给他们一些时间和空间，让他们自己去调节好情绪，找到适合自己的节奏。

稳定的家庭环境，
最能安抚敏感型孩子的心灵

敏感就像是一把双刃剑，它能带给孩子无与伦比的天赋，也能成为伤害孩子一生的利器。

对敏感型孩子来说，童年时期的经历，尤其是家庭方面的影响，往往要比其他孩子更为深刻。如果他们在童年时能够拥有一个比较稳定的家庭环境，一段愉快的童年经历，那么他们成年后可能会比一般人更容易得到快乐。相反，如果他们的童年经历不那么愉快，那么他们成年后往往也会变得比一般人更容易抑郁和焦虑。

换言之，成长环境的好坏对敏感型孩子的影响往往更加深远。而对于孩子来说，童年时期的快乐与否，很大程度上取决于他们的家庭，这是奠定孩子最初个性的基石，同时也是影响孩子世界观、人生观、价值观形成的重要因素。

这并非信口开河。有研究发现，当敏感型孩子处于压力大的环境时，往往会比其他人更容易生病和受伤。相反，如果敏感型孩子所处的成长环境比较稳定且幸福，承受的压力也比较小，那么他们的身心健康状况往往会比其他孩子更好，也更少受伤。

所以，父母能为敏感型孩子做的最有用的事情，就是为他们提供一个稳定的家庭环境，让他们能够在轻松愉快的氛围中健康成长，而他们也将从这样良好的成长氛围中获益良多。

安雅是一个非常敏感的人，她总是对生活中的那些细枝末节十分在意。很多在别人眼中无关紧要的事情，都可能触及她敏感的神经，让她陷入情绪崩溃。

有一次，安雅和一位同事聊天，前一秒还相谈甚欢，后一秒却突然冷了脸，搞得同事一头雾水，根本不知道自己究竟哪句话得罪了安雅。后来，安雅告诉刘英，她所以生气，是因为在她说话时那位同事非常不礼貌地打断了她四次。但很显然，那位同事根本没有意识到这一点。

刘英也曾领教过安雅的敏感。有一段时间，安雅对刘英的态度非常奇怪，像是有什么话想对刘英说，却总是欲言又止，对待刘英时也有些小心翼翼，甚至透露出些许讨好的意味。直到后来，刘英和她进行了一次开诚布公的交谈。这时，刘英才知道，原来那些天她一直以为刘英在生她的气，因为那天早晨刘英见到她的时候没有像往常一样主动和她打招呼，和她说话的态度也不怎么热络。安雅猜测，上一次她拒绝了刘英的邀请，导致刘英一直对她有意见。然而事实上，刘英对此根本毫无印象。

刘英和安雅对于她的敏感曾进行过深入交流。安雅向刘英分享了她儿时的一些经历。那时候，安雅家里条件不好，父亲去世得早，母亲一个人扛起了家庭的重担。安雅的母亲脾气本就不太好，在生活的重压之下，更是变得十分暴躁，动辄就对安雅和哥哥训斥责骂。那些不堪入耳的恶毒词汇，贯穿了安雅的整个童年。

有一回，安雅的哥哥因为做错事，又一次被母亲责骂。对于哥哥来说，这种责骂根本不痛不痒，常常是左耳进右耳出，而在一旁的安雅听了却哭得不能自已，内心十分悲痛，仿佛被责骂训斥的人是自己一样。那时候，不管母亲还是哥哥，都无法理解安雅突如其来的悲痛。

安雅成年后有了自己的生活，母亲的脾气也收敛了不少，但童年的阴影却始终如影随形，成了她性格中无法剥离的敏感与脆弱。无论与谁相处，她总会下意识地察言观色。那些在别人眼中毫不起眼的细枝末节，都可能触及她的神经，并在她的脑海中不断放大，直至占据她的整个思维。

对于敏感型孩子来说，原生家庭的影响是非常巨大的。父母如果希望敏感型孩子能够健康快乐地成长，就要为他们提供一个安稳的家庭环境。这才是对他们心灵的最大抚慰。

那么，父母应该如何做，才能为孩子营造一个稳定的家庭环境呢？

1. 给孩子一个稳定的生活环境，切忌频繁搬家

对任何孩子来说，频繁地更换生活环境都不是一个好的选择，尤其是那些敏感型孩子。敏感型孩子本身对外界环境的变化就比较敏感，他们适应新环境往往要比其他孩子更加困难。而频繁地搬家就意味着他们必须不停地去适应新的环境。这对敏感型孩子来说，是一种沉重的负担。更重要的是，在不稳定的环境中成长，会让敏感型孩子难以构建自己的安全感，这对他们的性格塑造影响很大。

2. 父母情绪稳定，孩子才有安全感

对于孩子来说，在幼年时期，父母就是他们人生中最重要也是最依赖的对象，所以父母的情绪往往对孩子有着直接的影响。而敏感型孩子本身对别人的情绪变化就比其他孩子更为敏锐，因此，对敏感型孩子来说，父母在他们面前所展现出来的情绪与态度，与他们未来的性格和人格塑造有着非常密切的关系。

通常来说，父母的性格温和，情绪平和，孩子的幸福度会更高，承受挫折的能力也会更强，在为人处世方面的情商也会相对更高。相反，如果父母的情绪比较容易激动，甚至经常对孩子大吼大叫，那么孩子也会容易变得或暴躁易怒，或敏感自卑。这一点对敏感型孩子来说，表现得会更加明显。

3. 为孩子留出自己的空间

敏感型孩子的情绪就像过山车一般，总是充满了各种跌宕起伏，即便没有来自外界的压力，他们也能给自己制造不小的压力，把那些别人根本没有放在心上的细枝末节无限放大，变成压在自己心头的大石块。

正是因为具有这样的特质，所以敏感型孩子最需要的就是一个平静的、能够让自己充满安全感的空间。因此，父母不妨在家里为孩子划出一个属于他们自己的地方，让他们按照自己的喜好，布置一个最能让他们感到身心放松的"小窝"，让他们能够拥有独处的空间与时间。这对他们内心安全感的塑造和情绪稳定很有好处。

父母关系紧张，
是敏感型孩子无法言说的伤

在一个综艺节目中，一位嘉宾在谈及自己的择偶观时说道："我不想结婚，我的父母关系不好，从小我就是听着他们的争吵长大的，我没有信心自己能经营好一段婚姻，很怕重蹈覆辙。"

在生活中，像这位嘉宾一样，因原生家庭中父母关系的不和谐导致自身对感情失去信心的例子并不少见。生活中，那些在父母关系和谐幸福的家庭中成长起来的孩子，成年之后拥有幸福家庭的概率确实要远远高于那些生长在父母关系不和谐的家庭中的孩子。

会出现这样的结果并不奇怪。在孩子的成长过程中，父母既是最亲近的人，同时也是他们认识世界的最重要的媒介之一。父母关系和谐，孩子在耳濡目染中，就会清晰地认识到何谓幸福以及如何才能获得幸福。而如果父母感情不和睦，甚至剑拔弩张，那么就可能让孩子在家庭的影响下对婚姻和爱情失去信心。

对于普通孩子来说，父母关系不和睦可能会成为他们童年的一道伤疤。随着时间的流逝，这道伤疤也许会埋藏在孩子心中，不时地隐隐作痛，或许会有治愈的可能，最终只留下一道浅浅的痕迹。但对于敏感型孩子来说，父母关系紧张对他们所造成的伤害，却可能是一生都无法愈合的。

曾有人做过一项实验：当孩子目睹父母争吵的时候，他们的血压会明显产生急速上升的现象，哪怕是年纪尚幼、还不懂事的孩子。可以想象，如果是敏感型孩子，那么无论身体还是心理，受到的影响都只会更大。

父母就像孩子的一面镜子，孩子在成长的过程中，总能从父母身上看到自己的未来。如果父母呈现在孩子面前的是理解、爱与包容，那么孩子也会朝着这个方向发展，成长为一个温暖、阳光的人。相反，如果父母总是在孩子面前呈现出负面情绪，那么孩子也会不可避免地朝着这个方向堕入深渊。

星星是小区里有名的"小霸王"。每天晚饭后，许多孩子都到小区的花园里玩耍，但每次只要星星一来，大家就会一哄而散，对他避之不及。

大家讨厌星星并非是无缘无故的。据朋友说，星星一家刚搬来的时候，小区里的很多小朋友都想和星星交朋友。但很快他们就发现，星星的性格特别霸道，并且经常捉弄和嘲笑其他孩子，有时还满嘴的污言秽语。久而久之，大家就不愿意和星星一起玩了。

星星为什么会这么让人讨厌呢？事实上，这与他的家庭脱不开干系。

原来星星的父母关系并不和睦，几乎每天都能听到他们争吵的声音，有时甚至大打出手。就连隔壁邻居有时候听到星星父母争吵的动静，都会被吓一跳，更何况年幼的星星呢？

有好几次，邻居晚上回家的时候都看到星星一个人孤零零地蹲坐在楼梯间，隔着门还隐隐地能听到他父母争吵的声音。有一次，邻居看着星星瘦小的身影，觉得他有些可怜，便试图过去安慰他。可没想到，邻居还没走过去，星星一抬头看到邻居就恶狠狠地骂了句脏话，还朝邻居挥了挥拳头。那之后，邻居再没有试图靠近星星了。

很显然，星星所展现出来的种种特性，与父母呈现在他面前的样子是脱不了干系的。父母的争吵谩骂和大打出手，潜移默化地影响了星星与人交往时呈现出来的状态与模式，同时也在他的心中留下了难以磨灭的伤痕。

父母都想给孩子一个幸福的家，让孩子在温暖与快乐中成长。但现实中总是有很多的无奈。有些时候，很多事情不是我们想到就一定能做到的。当夫妻关系难以维持时，父母该怎样做才能尽可能减少对敏感型孩子的伤害呢？

1. 相比无休止的争吵，家族和睦才是给孩子最好的礼物

在现实生活中，有很多夫妻整日剑拔弩张地争执不休、互揭伤疤。虽然看上去孩子有一个完整的家，殊不知，父母无休止的争吵是对孩子最大的伤害。

确实，孩子需要一个完整的家，但相比形式上的完整，孩子更需要的是精神、情感上的完整。所以，父母应避免争吵，要和睦相处，家庭和睦才是父母给孩子最好的礼物。

2. 离婚不只是两个人的事，孩子也有参与权

很多夫妻在选择离婚或分手时，都不会将此事告知自己的孩子。在他们看来，离婚也好，分手也罢，都是两个人之间的事情，更何况孩子年纪还小，什么都不懂，更没必要让他们参与其中。

但实际上，敏感型孩子对他人的情绪变化是非常敏感的，即便父母再怎么极力掩饰，也不可能完全收敛自己的情绪，遮遮掩掩反而容易让孩子胡思乱想。而且，敏感型孩子本就要比同龄人早熟一些，想得也更多一些，父母的隐瞒和遮掩反而可能导致他们将责任揽到自己身上，从而背上沉重的心理负担。

所以，如果父母真的走到了离婚这一步，那么请将真相告诉孩子，让他知道，父母的婚姻因为某些事情无法继续维持，但对他的爱不会减少。更重要的是，父母一定要让孩子知道，父母离婚和他没有任何关系，他没有做错任何事情。

3. 永远不要在孩子面前诋毁他的父亲或母亲

无论何时，都不要在孩子面前诋毁或谩骂配偶。要知道，无论父亲还是母亲，对于孩子来说，都是最亲近的存在。更重要的是，父母与孩子都有着天然的血脉联系。父母对对方的诋毁与谩骂，只会让孩子感到尴尬和痛苦。尤其是那些敏感型孩子，甚至可能联想到自己身上，从而陷入强烈的自责和自我厌恶，这对孩子的身心健康都是极为不利的。

青春期，是敏感型孩子容易陷落的危险地

一提到"青春期"三个字，就能让无数父母眉头紧皱。对于孩子来说，青春期是他们的性别意识和自我意识逐渐建立的时期；而对父母来说，青春期则意味着数不尽的麻烦和孩子阴晴不定的脾气。

通常来说，青春期大约处于孩子 10 ~ 17 岁之间。在这一时期，孩子的身体和心理都会产生巨大的变化。与此同时，他们的性别意识和自我意识也会逐渐觉醒，迫切地想要掌控自己的命运，脱离父母师长的"控制"。在这样的状况下，孩子会变得敏感易怒，情绪调控能力也会变得不稳定。

普通孩子在进入青春期后尚且如此，更何况是高度敏感型孩子呢。就像人们常常调侃的——比敏感型孩子更可怕的，是进入青春期后的敏感型孩子，那简直可以说是升级版的高度敏感。

青春期是孩子成长路上的一个重要转折点。在这个阶段，孩子会因为迫切地想要独立而对父母长辈产生逆反心理，变得不听话，甚至故意做出一些事情来与父母对着干。但与此同时，随着思维的日趋成熟和智力的不断开发，孩子也能在这个时期获得飞速的成长。

也就是说，如果父母能够把握好这一时期，对孩子进行正确的引导，为他们提供一个良好的生活环境和家庭氛围，将会让他们受益无穷。相反，如果父母不能理解孩子，一味地用训斥和责骂去对抗孩子的叛逆，那么很有可能造成无法挽回的后果。

芙娅是一位非常优秀的女性，性格非常好，特别懂得体贴人。凡是与她交往过的人，很少有人不喜欢她的。在聊天时，芙娅向刘静分享了她成长过程中的一些事情。芙娅说，在很小的时候，她的性格其实和现在大不相同。那时候她是一个特别大大咧咧的女孩，就是人们说的那种"粗线条""低敏感"性格。

　　然而，就在芙娅12岁那年，一场意外猝不及防地打乱了她平静的生活。她在练习舞蹈时发生事故，导致半月板受伤。当时，她并没有把这件事放在心上，也没有告知父母，等父母发现的时候，情况已经变得很严重了。

　　之后，虽然芙娅顺利地进行了手术，但在术后至少一年的时间里，她都必须拄着拐杖行走。这对于成年人来说或许不是什么大事，不过是生活中添了一些麻烦而已。但对于青春期的孩子来说，那绝对是一场折磨。折磨人的不仅是伤痛本身，而是那些令人不愉快的绰号以及或饱含恶意、或只是觉得有趣的嘲讽和玩笑。

　　回忆起那段往事，芙娅脸上的表情依旧有些苦涩。她无奈地告诉刘静，直到现在见到同学时依然会有人脱口而出叫她"铁拐娅"。

　　身体的伤痛和来自外界的嘲讽，让本就处于青春期的芙娅变得十分敏感。甚至别人多看她几眼，她都会认为对方是在嘲笑她。那时候，她就像一只随时竖起尖刺的刺猬，不管谁靠近，不管带着好意还是恶意，都先刺对方一下再说。

　　芙娅的爷爷是一个思想比较传统的人，有些重男轻女。以前芙娅对此虽然有些不高兴，但并不怎么放在心上，反正爸爸妈妈都很疼爱她，而且爸爸妈妈只有她一个女儿，爷爷再不喜欢她又能怎样呢？但那段时间，爷爷却数次上门，试图劝说芙娅的父母趁机再生一个孩子。这让芙娅感到非常难过，对爷爷，甚至对爸爸都产生了浓烈的恨意。

妈妈很快就发现了芙娅的问题。她是一名教师，常常和青春期的孩子打交道，自然也能理解女儿的敏感和脆弱。她没有对芙娅说教，也没有鼓励她要变得"积极乐观"或"坚韧不拔"。妈妈知道芙娅喜欢看书，于是帮她借阅了许多有趣的书籍，并鼓励她尝试创作，还细心地帮她修改、投稿。那时候，芙娅还真有几篇文章被刊载在了当地的报刊上。

闲暇时，妈妈常常和芙娅聊天，分享自己的种种经历，有充满乐趣的，也有不乏苦涩的。当芙娅将自己对爸爸和爷爷的恨意告知妈妈时，妈妈并没有因此训斥她，只是平静地对芙娅讲述了许多她所不知道的、爸爸背地里对她的付出与关爱。

芙娅说，她很庆幸，有妈妈陪她走过了那段特殊的青春期。这让她没有因冲动和叛逆而陷落泥潭，做出无法挽回的决定。

青春期是每个人都会经历的一个特殊时期，也是许多人人生道路上的重要转折点。尤其对于敏感型孩子来说，青春期更是一片最容易陷落的危险地。那么，父母能为青春期的孩子做一些什么呢？

1. 重视孩子的情感需求

英国著名心理学家丽贝卡·伯吉斯说过："虽然青春期的孩子表现得嚣张跋扈，叛逆任性。但实际上，处于这个阶段的孩子，内心经常都会感到空虚和失落。"

在青春期，孩子的自我意识逐渐觉醒，这使得他们一方面迫切地渴望独立，另一方面依然对父母有着浓重的眷恋。他们渴望得到父母的关注，但又放不下面子去讲明自己的诉求，于是容易用一些过激的方式来吸引父母的注意。这个时候，如果父母不能理解并满足孩子内心的情感需求，就可能迫使孩子通过其他渠道来进行弥补，甚至因此误入歧途。

2. 注意与孩子的沟通方式

在孩子面前，很多父母都会不自觉地端起父母的架子，用命令的方式指挥孩子按照自己的意愿做事。如果是平时，这种沟通方式或许只会让孩子不喜，但也不至于引起什么问题。可如果父母面对的是青春期的孩子，尤其是处于青春期的敏感型孩子，那么这种沟通方式恐怕就只能起到反相反的效果了。

或许有人会觉得，父母不管对孩子说什么，做什么，必然都是为了他们好。父母只要是为了孩子好，沟通方式又有什么重要的呢？但很显然，从青春期孩子的角度来看，他们更为重视父母对待他们的态度。如果父母不能用正确的方式和孩子沟通，只会激起孩子的叛逆心理，让孩子更加不愿意敞开心扉。这样一来，父母对孩子再好，孩子也无法完全理解。

3. 引导但不强制，让孩子自己去面对

成长是一段经历，只能让孩子自己一步步地走完这条路。父母可以做孩子的引路人，可以做孩子的伙伴，可以做孩子最坚强的后盾，唯独不能一味地挡在孩子前方，帮他挡下所有风雨，斩断一路荆棘。

授人以鱼不如授人以渔，父母可以为孩子解决一时的麻烦，却不可能时时刻刻都陪在孩子身边，为他们解决一世的麻烦。青春期对于孩子来说，正是一个重要的成长时期，如果父母剥夺了孩子的成长机会，那么对孩子

的未来没有任何好处。

因此，请记住，当孩子遭遇问题和困难时，父母可以引导，但不需要手把手地指挥孩子应该怎么做，而是让他们学会自己思考，自己面对，自己经历。只有这样，他们才能真正学会如何更好地成长。

心思细腻，
随时做好敏感型孩子的情绪梳理

"小孩子懂什么"——这是很多父母常常挂在嘴边的话。似乎在很多成年人看来，孩子的所谓烦恼都不值一提，他们的快乐或忧愁似乎只是小事一件。毕竟相比成年人世界的残酷，孩子的那些烦恼又算得了什么？

的确，从父母的角度来看，那些让孩子烦恼和忧愁的事情，都不过是些鸡毛蒜皮的小事。和朋友闹别扭，被老师批评，考试没能得到理想的分数……这些事情算得上是什么烦恼呢？但事实上，这些事情在孩子的世界里就是顶天的大事。

孩子不会因为年纪小，就感受不到悲伤的情绪。孩子不会因为不懂事，就不会受到伤害。恰好相反，孩子正是因为年纪小，心理还不够成熟，比成年人更容易被负面情绪击垮。尤其是那些敏感型孩子，他们所需要承受的情绪压力，常常比其他孩子更多，不够成熟的心智也让他们难以驾驭汹涌的负面情绪。

人的悲喜并不相通，你认为无所谓的事情，对于别人来说，或许犹如灭顶之灾；你认为难以接受的痛苦，对于其他人而言，或许不过是鸡毛蒜皮的烦恼。你的痛苦不会因为别人觉得无所谓就减轻，别人的悲伤也不会因为你的无所谓而变少。

所以，父母不要总是用自己的标准去衡量孩子，不要因为你觉得无所谓，就理所当然地无视孩子，更不要让自己成为伤害孩子的一把利器。

作为母亲，陈女士以为自己已经足够尽责了，直到得知女儿雯雯一直遭受校园霸凌的真相后，她才意识到，自己究竟有多么的不称职。

在陈女士心中，女儿雯雯从小就是个娇气又脆弱的孩子，一点儿鸡毛蒜皮的小事就能哭上半天；稍微一点儿不顺心，她就开始闹脾气。正因为如此，所以当雯雯委屈地哭着告诉陈女士不想去学校，不喜欢同学们的时候，陈女士并没有太在意。她还敷衍地对雯雯说："你去学校是为了学习知识。你不喜欢他们，就不要和他们一起玩好了。再说，你也该好好地反省一下自己的公主脾气。同学不是爸爸妈妈，不会什么都让着你。"此后雯雯再也没有对陈女士说过半句学校的不好。

当然，陈女士也并不是完全没有察觉雯雯可能在学校遭遇不愉快的事情。雯雯手腕上的擦伤、衣服上的污渍以及雯雯越来越麻木的表情，都曾让陈女士有些在意，但每次开口问雯雯的时候，她都一言不发，再加上陈女士总是先入为主地认为，孩子的世界，哪有什么事情真正算得上烦恼！于是，一次次发现真相的机会就这样与陈女士失之交臂了。

直到那天，陈女士突然接到学校通知，说女儿险些从教学楼上跳下去的时候，她整个人都是懵的。也是直到那时候，她才突然发现，女儿已经许久都没有展露过笑颜了，也已经许久都不曾对她说过半句学校的不好。可笑的是，曾经的她一直将女儿的沉默和麻木归结于"女儿进入青春期，越来越不喜欢和父母交流"这样的理由。

最让陈女士感到痛苦的是，雯雯并不是没有向她发出过求救。只是陈女士理所当然地认为，女儿所有的抱怨和不满都是因为太过敏感和脆弱，所以根本没有放在心上。陈女士的拒绝才真正是将女儿压垮的最后一根稻草。

孩子的情绪算什么？同学间的打闹不是什么大事，不过就是被老师批评几句吗？不痛不痒的——似乎不管孩子的世界发生了什么事情，在父母看来，都可以用"小打小闹"来形容。所以他们理所当然地忽视了孩子的各种情绪。殊不知，对那些敏感型孩子来说，这些情绪带给他们的伤害是难以估量的。那么，父母究竟应该怎么做呢？

1. 接纳孩子的情绪变化，并教他们学会正确认识自己的情绪

对于很多父母来说，敏感型孩子带给他们最大的困扰，不是激烈的情绪起伏和毫无预兆的情绪变化，而是事情发生后，孩子不愿意和父母交流自己的所思所想，总是显得好像无理取闹一般。但实际上，很多时候，并不是孩子拒绝交流，而是因为连他们自己都没搞明白，自己此刻涌上心头的情绪究竟是什么。因此，他们无法清晰地将自己的感受告知周围的人，也无法清楚地理解自己的状态究竟是怎么回事，只能遵循本能地去宣泄。

所以，在这种时候，父母可以给孩子最好的帮助，就是接纳他们的情绪变化，并告诉他们，此时他们所感受到的情绪究竟是什么，如果不加以控制，将会带来怎样的后果。

此前说过，敏感型孩子对他人情绪、态度的变化是非常敏锐的。如果父母对敏感型孩子的情绪表现出拒绝或不在意的态度，那么很可能会让他们从此对父母关闭沟通的大门，将所有的负面情绪压在心底。久而久之，当孩子不堪重负的时候，后果就相当严重了。

2. 保持冷静，教会孩子如何正确疏导自己的情绪问题

通常来说，孩子往往比成年人更容易因情绪问题而失控，这是因为相比大多数成年人而言，孩子还没有学会该如何管理和控制情绪，解决因情绪积压而产生的种种问题。所以，当情绪产生时，他们只能根据自己所看到和接触到的来进行模仿和学习，来处理自己的情绪。这就是为什么父母感情好、脾性都比较温和的家庭，孩子脾气通常都不会太坏；而如果父母感情不和、经常争吵，那么孩子往往也可能变成暴脾气。

所以，在发现孩子情绪上出现问题时，父母一定要保持冷静，注意观察，引导孩子学会如何管理自己的情绪。

理解敏感型孩子
"怪异行为"背后的心理动机

高兴了会笑，难过了会哭，受伤了会感觉到疼痛——这些在人们的认知中，是合乎逻辑并顺理成章的事情。而如果有人在遇到这些状况时，没有给出这种"合乎逻辑""顺理成章"的反应，就会被人们认为是"怪人"。这并不奇怪，人们都喜欢以己度人。当一个人的行为反应与大多数人都不一样时，这个人就会成为别人眼中的"异类"。敏感型孩子在许多人眼中，就是这样的"异类"。

前文说过，在受到外界同等刺激的情况下，敏感型孩子和普通孩子所产生的情绪反应是有很大区别的。那些对普通孩子来说不值一提的事情，对敏感型孩子而言，却可能成为痛苦的折磨。如果父母总是习惯以普通孩子的标准和逻辑去看待敏感型孩子，那么自然就会觉得他们的种种反应和行为十分"怪异"，让人无法理解。

但事实上，人的一切行为都是有心理动机的，敏感型孩子同样如此。即便他们或许还无法逻辑清晰地表达自己的感受，但是他们的一切"怪异行为"都是有迹可循的。父母想要走进敏感型孩子的内心，帮助他们解决生活中遇到的种种问题或麻烦，就要探寻和理解他们那些"怪异行为"背后的动机。只有找到问题的根源所在，才能真正找到解决问题的正确答案。

最近江女士抱怨，女儿笑笑越来越调皮捣蛋了。前两天，江女士正在看一份宣传资料，笑笑二话不说，就把画画用的颜料全都倒在了资料上。这件事让江女士十分生气。幸好这份资料不是很重要，没有造成什么损失。

但是，类似的事情已经不是第一次发生了。江女士不明白，笑笑到底为什么要这么做。江女士也批评过女儿笑笑，但还没批评两句，笑笑就哭红了眼睛，一副受了很大委屈的样子。这弄得江女士哭笑不得，明明自己才是受害者，怎么笑笑这么委屈呢？

笑笑是个特别敏感的孩子，也很乖巧，平时根本不会故意做出这种捣蛋的事情。因此，刘静建议江女士和笑笑好好谈一谈，了解她究竟为什么会做出这样的举动。只有找到问题真正的根源，才能解决问题。

后来，江女士和笑笑交流时才知道问题的症结在哪里。有一次周末，江女士在家处理工作，笑笑在旁边画画。笑笑一边画一边问江女士："妈妈，我想画一棵蓝色的大树，你说好不好看？我觉得蓝色大树比绿色的好看！"

当时，江女士正忙工作，头也不抬地应付道："嗯，你说得对，蓝色的大树更漂亮。"

一会儿，笑笑又问江女士："妈妈，你说蓝色的树上，会开出什么颜色的花，结出什么颜色的果实呢？"

江女士想也不想就随口说道："嗯，什么颜色的花？妈妈也不知道，你说是什么颜色呢？"

就这样，母女俩说了几句话，笑笑就没有再说话。虽然江女士并没有把这件事放在心上，但笑笑是一个比较敏感的孩子，妈妈和她说话时究竟是认真还是敷衍，她或许不知道为什么，但是能感受出来。于是，笑笑就开始扰乱妈妈的工作。

江女士和笑笑沟通的时候，笑笑告诉她，自己往妈妈的资料上泼颜料，是因为只要妈妈手里没有了这些纸，就会认真地看她画的画了。

敏感型孩子不是洪水猛兽，他们只是比普通孩子对外界的刺激更加敏感而已。而且，敏感型孩子通常都会比同龄的孩子更成熟，更能和别人共情，因此从某方面来说，只要找对方法，和敏感型孩子沟通其实要比和普通孩子沟通更加容易。

所以，当敏感型孩子出现我们无法理解的行为时，不要急着给他们贴上"怪异"的标签，而是要试着和他们心平气和地进行沟通，弄清楚他们行为背后的心理动机。只有这样才能真正解决问题。那么，父母在和敏感型孩子沟通时，需要注意哪些事项呢？

1. 包容孩子的"不良"行为

当孩子出现"不良"行为时，不要急着埋怨或训斥孩子，首先应该先安抚孩子的情绪，然后再询问缘由。毕竟无论是批评还是训斥，最终目的只有一个，那就是让孩子明白什么是对，什么是错，帮助他们成为更优秀的人。但是，在孩子情绪稳定下来之前，无论是训斥还是说教，恐怕都是毫无作用的。

2. 引导孩子学会正确的情绪表达方式

很多时候，敏感型孩子之所以会做出一些"怪异行为"，主要是因为他们不懂得该如何疏导和排解自己的坏情绪，只能在坏情绪来袭之时，顺应本能地做出一些较为激烈的行为。这时，父母应该给予孩子正确的引导，教会他们学会如何更好地疏导情绪，并用正确的方式来表达自己的情绪。

通常来说，敏感型孩子都是吃软不吃硬的。因为他们的内心已经足够敏感和脆弱，即便没有来自外界的压力，他们也能给自己不断地施压。所以，激烈的批评和训斥对敏感型孩子来说并没有任何帮助，反而会进一步加重他们的心理负担。

不要因为孩子过于敏感，
就对孩子过度保护

父母都想把全世界最好的东西捧给孩子，时时刻刻挡在孩子身前，帮他们承受一切风雨。但是父母这样做，对孩子的成长并不是一件好事。毕竟父母不可能永远将孩子庇护在羽翼之下，孩子总有一天会离开父母，开启真正属于自己的独立人生。

当然，这个道理人人都明白，但不是所有人都能做到，更何况是涉及孩子的事情，尤其是那些敏感型孩子。

我们一直强调，敏感不是病，也不是什么缺陷，只是某些孩子身上天生的一种特质。因此，当敏感型孩子面对一些事情表现出和别人不一样的反应时，父母应该多一些耐心与包容。但这并不意味着，因为孩子敏感父母就必须小心翼翼地将他们过度保护起来。

事实上，无论对普通孩子还是敏感型孩子来说，父母的过度保护都不是一件好事。法国的一份健康杂志曾经进行一项长达 8 年的跟踪调查。他们发现，父母对孩子的过度保护，往往容易引发孩子的各种行为问题和情绪问题。

得出这样的结论并不奇怪。在孩子的成长过程中，他们对自己情绪的掌控能力会直接影响他们的社交状况和处事方法。懂得控制情绪的孩子，在遇到事情时更能冷静地思考对策，解决问题，在学校里也会更容易交到朋友。相反，那些无法控制自己情绪的孩子，不仅在遇到事情时容易慌乱，而且人缘通常也不会太好。

尤其是那些敏感型孩子，这一点对他们影响尤甚。敏感型孩子因为对外界的刺激十分敏感，情绪本来就比普通孩子更不稳定，也更难控制。而父母的过度保护无疑将他们圈在了一个安全区，影响了他们的健康成长。这样一来，一方面，他们无法学会掌控自己的情绪，社交问题和情绪问题都得不到有效的解决；另一方面，由于敏感程度比较高，那种被"孤立"和被"嫌弃"的状态带给他们的刺激显然要更强烈。

在女儿蕾蕾还很小的时候，吴女士就发现了她高度敏感的特点。别的孩子到了新的环境，会好奇地四处观察，蕾蕾却表现得焦躁不安；别的孩子对新玩具总是兴趣盎然，蕾蕾却连小床边上悬挂的风铃都不能接受；别的孩子只要耐心地哄一会儿就能让人亲亲抱抱，蕾蕾却连爷爷奶奶都不肯让抱。

吴女士在发现了蕾蕾的敏感特质后，查阅了许多资料，从而对敏感型孩子的特点有了一定的了解，也因此更加疼爱蕾蕾了。吴女士恨不得在生活的方方面面都给孩子全方位的呵护，不让孩子受到任何一点儿伤害。

上幼儿园的时候，有一次蕾蕾和小伙伴玩搭积木，两人的意见发生了一点儿分歧，蕾蕾想用绿色积木搭建，可小伙伴坚持要用红色积木。在争执中，小伙伴一不小心把蕾蕾推倒了，蕾蕾的手心也擦破了皮。顿时，两个孩子都大哭起来。

老师发现情况后，立即帮蕾蕾处理了伤口。由于擦伤并不严重，两个孩子很快就和好了，所以老师并没有立即通知父母，而是等放学父母接孩子时，才把这件事告知了他们。

吴女士得知自己平时恨不得捧在手心里呵护的女儿居然受了伤，先是愤怒地指责了老师一通，然后又咄咄逼人地训斥了推倒蕾蕾的小伙伴一家，并勒令蕾蕾以后再也不要和这种"野蛮人"玩。

吴女士大闹幼儿园的事情很快就被其他孩子的父母知道了。大家都觉得吴女士有些胡搅蛮缠。大家为了避免惹麻烦，便都私下里叮嘱孩子，不要和蕾蕾一起玩。

原本蕾蕾就是一个特别敏感的人，孩子们又几乎不懂得隐藏，所以蕾蕾很快就意识到了小伙伴们对自己的疏离和排挤。在这样的氛围下，蕾蕾越来越不喜欢去幼儿园，也越来越不愿意和别人交流。

成长是孩子必须自己去经历的一段旅程，任何人都无法代劳。如果父母为了保护孩子，事事冲在前方，牢牢地圈住他们，那么孩子是无法真正获得成长的。如果父母因为孩子的敏感型特性，而对他们实施过度的保护，那么他们永远也无法学会如何管理和控制自己的情绪，成为更优秀的人。那么，父母究竟应该怎样做才是真正对敏感型孩子好呢？

1. 鼓励孩子多参加集体活动

孩子越敏感，父母就越应该鼓励他们多出去走走，多参加集体活动。刚开始或许会很难，但如果为了让孩子获得一时的轻松，父母就任由他们龟缩在安全的范围内，甚至为他们筑起高高的围墙，那么孩子就永远都无法成长。很显然，从长远来看，这对孩子的未来发展没有任何好处。

2. 做决定前多与孩子沟通

很多父母都习惯打着"为你好"的旗号去安排孩子的人生。他们认为，自己所做的一切都是为了让孩子能过得更好。许多父母想当然地认为，孩子现在不理解，是因为他们年纪小，什么都还不懂。等到孩子懂事以后，一定会感谢父母所做的一切。

诚然，在年龄和阅历的限制下，孩子无论眼界还是思想，通常都比不过成年人。但这并不代表他们没有自己的思想和情绪。他们能听懂道理，也渴望获得父母的尊重。尤其是高度敏感的孩子，他们通常都要比同龄人早熟，对父母的态度也更为敏感。如果父母能够在做任何决定前，都和孩子好好沟通，尊重孩子的意见，那么不仅能够获得孩子的好感，同时也能帮助孩子在思考中获得更多的人生经验和智慧。

第4章　没有战争的管教

——敏感型孩子也要管，但方法必须特别一点儿

敏感型孩子的确比普通孩子成熟得更早，但这并不代表他们拥有和成年人一样的心智。这不是智力所决定的，因为成年人的经验、阅历并不是高度敏感能够弥补的。因此，对敏感型孩子不能放任自流，但也不能用管教普通孩子的方式来对待他们。

专制教育下，
敏感型孩子容易走向两种极端

望子成龙，望女成凤，这几乎已经成为每一个家庭的写照。诚然，对于大多数父母来说，自己的孩子必然是最优秀的。即便孩子现在可能存在种种缺点，但父母总是相信，只要孩子肯努力，肯用心，必然会取得更好的成绩，更大的成就。

相信孩子，对孩子有信心，这本是一件好事，但有的父母却将这种相信变成了对孩子过高的期待。只要孩子有一点点做得不好，或者不符合自己的预期，父母就各种不满意，轻则呵斥责骂，重则挖苦讽刺。在他们看来，自己要求孩子做的一切事情，都是为了孩子好。不管孩子愿不愿意，都应该听从他们的，毕竟他们是孩子的监护人！

这样的父母就是心理学上所说的"专制型父母"。他们有着极强的主观性，对孩子的教育奉行高标准、严要求，要求孩子尊重、服从自己，从来不会向孩子解释自己的行为，也不会去倾听孩子的声音。他们认为，自己为孩子规划、设计的一切都是最好的，孩子不需要理解，只需要服从。

当敏感型孩子遇上专制型父母时，绝对是一场灾难。前文说过，敏感型孩子对别人的情绪、态度变化往往是比较敏锐的，而专制型父母对孩子的"铁血管制"中，根本不会尊重孩子的人格与思想，这对敏感型孩子而言，是一种折磨。心理负担本就沉重的他们，在这样的家庭氛围中，非常容易走向两个不同的极端：要么变得极为顺从，完全失去自己的性格；要么就会变得极度反抗，在压抑中爆发。

宋先生曾说起自己小时候的事。那时候，他的家住在农村，母亲是一个特别强势的人，要求家里人事事都听从她的安排，却从来都不会解释什么。

有一次，他因为不肯服从母亲的安排，和母亲顶了几句嘴。结果，母亲居然在三更半夜，把他直接赶出了门。那时候他年纪还很小，独自一人站在黑乎乎的田埂边上。野外没有路灯，也没有行人。偶尔的几声狗吠让夜晚变得更为可怖。那一刻，幼小的他感受到了满心的恐惧与绝望。

宋先生说，自那以后，他再没有和母亲顶过一句嘴，对她的安排都言听计从。但直到今天，哪怕是在亮如白昼的城市夜晚，他也不敢一个人走夜路。那种独自被推入黑暗的绝望与恐惧始终萦绕在他的心头。

宋先生还有一个失踪多年的弟弟。弟弟的性格和宋先生截然相反。在母亲的高压统治下，宋先生选择了顺从，而弟弟选择了反抗。那时候，弟弟就像家里的刺儿头，但凡是母亲说的话，他都不肯听，甚至不在乎这些话是对还是错。后来，他更是早早地离开了家，从此再无音讯。直至今日，宋先生都不知道弟弟究竟身在何方，又是否安好。

很多专制型父母教养出来的孩子，表面上看似乎非常懂事听话，但从长远来说，这样的教育方式对孩子而言往往弊大于利。尤其是敏感型孩子，在专制教育下往往非常容易走极端。

1. 极度顺从

在管教年龄小的孩子时，很多专制型父母惯用的手段是利用孩子的恐惧心理去威胁约束他。比如在孩子不听话时把他一个人丢在人来人往的街上，或者作为惩罚，把孩子关进房间等。这样的惩罚方式会让孩子内心产生强烈的恐惧，从而让孩子对父母屈服，服从父母的支配，以免再受到类似的惩罚。

这对孩子来说是一种伤害，它所带来的恐惧甚至绝望，很可能就此成为孩子一生的梦魇。尤其是敏感型孩子的情绪本就比寻常孩子更加容易发生波动，他们所能感受到的恐惧和伤害显然也会更为强烈一些。

在这样的教育下，很多敏感型孩子非常容易形成讨好型人格，遇事没有主见，凡事都习惯听从别人的安排，考虑别人的想法，生怕自己被孤立或抛弃。

2. 极度叛逆

此外，在专制教育下成长的敏感型孩子也可能走向另一个极端——极度叛逆。比如电影《少年的你》的反派角色魏莱就是这样一个人。在父母的严厉管制下，魏莱表面上是一个家境好、学习好、长相漂亮、性格乖巧的完美女孩，完全符合父母对她的期待。但在父母看不见的地方，她却成了学校里的霸凌者，心思歹毒，横行霸道，毁了别人，也毁了自己。

孩子不是任由父母编写的程序，也不是掌握在父母手中的傀儡。孩子虽小，但是也有自己的思想，有独立的人格。当父母试图对孩子进行过度管制和掌控的时候，孩子很可能会为了迎合父母而"创造"出一个符合父母期待的自己，但与此同时，又创造出一个藏在黑暗中截然相反的自己。

敏感型孩子，越狠管，越逆反

在儒家的传统观念中，父母对子女有绝对的控制权，子女则需要对父母绝对顺从。随着时代的变化，人们的思想也在不断变化。如今，用森严的尊卑等级来替代亲情，用严厉的规则来约束孩子，显然是不合理的。

敏感型孩子内心更加脆弱，成熟得也更早。因此，他们会比普通孩子更早地形成自我意识。因此，他们对父母的指示不再盲从，而是开始有自己独立的思考。比如，某件事情，过去父母让孩子这样做，孩子会很听话地按照要求去做。但孩子开始独立思考后，就会开始质疑父母的要求，是不是真的需要这样做，以及为什么要这样做。

孩子突如其来的转变，往往会让父母格外不适应。原本对父母言听计从的孩子，如今变成了十万个为什么。甚至有些父母怀疑，孩子的叛逆期是不是提前了。孩子不听话，自然要管教。但是，如果管教的作用微乎其微，甚至越管孩子越不听话，不少父母往往会采取更加严厉的管教方式，甚至动用体罚。然而，狠狠地管，对于管教普通孩子都是下策，更别说敏感型孩子了。对于普通孩子，严厉的管教可能会毁灭孩子的创造力和好奇心；对于敏感型孩子来说，越是管得严就越会产生逆反心理。

景女士的儿子阳阳 7 岁了，刚上小学一年级。之前阳阳一直是一个懂事的孩子，从来不让父母操心，在家里还力所能及地分担家务活。虽然阳阳并不能真的帮上忙，但这是孩子懂事的表现。对这一点，景女士一直很得意。

等阳阳上学以后，情况就发生了一些改变。过去对景女士百依百顺的阳阳，开始质疑景女士的一些说法和做法。过去一吃完饭，景女士就会让阳阳帮她洗碗。即便阳阳只能在旁边帮忙递抹布、开关水龙头，景女士也觉得这是难得的亲子互动时间。但现在，景女士让阳阳帮她递抹布，阳阳就说还有作业要做，做完作业还要看动画片，不要浪费他的时间。过去家里的花都是阳阳负责浇水。如今，即便是景女士经常提醒，阳阳也总是拖拖拉拉、磨磨蹭蹭地不肯去给花浇水。

一天，景女士又让阳阳帮她洗碗，阳阳没有来。于是，景女士彻底爆发了。景女士一直觉得自己对阳阳的教育是很成功的，如今阳阳的变化让她难以接受。景女士回忆起了过去父母教育自己的情景，觉得自己对阳阳的管教实在是太宽松了。于是，景女士告诉阳阳，如果他再不来帮忙洗碗，再不好好浇花，以后放学就不许出去玩，不许看动画片，也没有零用钱了。

景女士以为对阳阳的管教变得严厉起来，阳阳再不满意，也会按照她的想法回到之前乖巧的样子。没想到，阳阳却彻底不理她了。每天吃过晚饭，景女士要洗碗的时候，阳阳就回到房间关起门来写作业。阳阳不仅不浇花，还把几盆花偷偷地搬到了终日不见阳光的北阳台。

景女士觉得十分委屈，就向闺蜜陈女士诉苦。陈女士听了她的抱怨，大大咧咧地说："阳阳才那么小，就算他事事都听你的，又能帮上什么忙？我家孩子要是吃完饭就赶紧写作业，我简直要烧高香了。"听了陈女士不负责任的话，景女士觉得自己更委屈了。她说："我就是想让他陪陪我。"陈女士拍拍景女士的肩膀说："阳阳这孩子从小就聪明，他这样做肯定有他的原因。如果他真的不想浇花，就不会磨蹭拖拉了，为什么不干脆拒绝你呢？一家人不说两家话，你跟孩子生什么闷气？把话说开就好了。"

景女士一想，也对，于是就开诚布公地问阳阳，为什么不帮妈妈洗碗，为什么不好好浇花。阳阳几句话就把事情都说清楚了。阳阳觉得，妈妈每天洗碗的时候，他能帮忙做的事情太少了，剩下的时间都在旁边傻站着，时间就这样浪费了。他还不如抓紧时间，把作业写完。至于浇花，阳阳在学校跟老师学会了一些养花知识，知道哪些花需要每天都浇水，哪些花每天浇水反而不好；由于有几盆花喜阴，阳阳就把它们搬到了北阳台。

所有问题都弄清楚后，景女士非常后悔：只要自己能有一点儿耐心，能把事情跟孩子讲清楚，也就不会为此而难过好几天。景女士问阳阳："妈妈洗碗的时候觉得无聊，阳阳能不能陪妈妈聊聊天呢？"出乎景女士预料的是，阳阳想都不想就直接答应了。

敏感型孩子成熟得更早，想得更多。他们往往会比较早地结束对父母言听计从的阶段，甚至会提前进入叛逆期。这时，对敏感型孩子进行严厉管教是最糟糕的选择。越是管得严，孩子就越容易产生逆反心理。孩子刚刚产生自我意识，不懂得分辨好坏和是非，但他们已经有了自己的想法，不会心甘情愿地被人支配。

父母面对敏感型孩子最好的做法就是通过循循善诱来引导孩子正确地分辨是非曲直。如果父母总是抱着"他还是个小孩，懂什么"的想法，那就大错特错了。父母要有耐心，要让孩子知道为什么这样做，以及这样做的意义是什么。父母只有让孩子知道这样做的理由和好处，孩子才会按照父母的话去做。如果父母不肯把事情的缘由说清楚，只是一味地命令孩子做这做那，只能引发孩子的反抗心理。随着孩子逐渐长大，父母需要放开手，让孩子自己去做决定，而不是一直为孩子包办所有事务。只有这样，孩子才能够健康成长。

尊重自主权，
别逼敏感型孩子做不喜欢的事

小时候，几乎每个人都有被父母逼着做不喜欢的事情的经历。比如，在亲朋好友面前表演一种才艺，参加自己不愿意去的补习班，甚至和自己不喜欢的人交朋友。

对于这样的事情，"神经大条"的孩子在不情不愿地做完之后，未来的某一天或许还能笑着控诉一番当年被父母支配的恐惧；但对那些敏感型孩子来说，这样的经历绝对称得上不堪回首，甚至可能让他们因此产生严重的心理阴影。

很多父母总是觉得，孩子年纪小不懂事，所以不会烦恼、不会害羞、不会记仇，任何事情过去之后，都不会留下任何影响。因此，一些父母在作出安排的时候，从来不会去考虑孩子的意见。但是，这样的想法对孩子而言显然是不公平的。孩子年纪小，并不代表他们没有自己的喜怒哀乐。当他们被强迫做事情时会感到难受和愤怒，当他们被无视时也会感到失望和痛苦。他们或许没有太多的人生经验，在考虑事情时还无法做到面面俱到，但他们的情感体验与成年人并没有什么区别。他们会受伤，会难过，会渴望得到别人的关注与尊重，会希望父母能够平等地对待他们，尊重他们的自主权，而不是逼迫他们去做自己不喜欢、不愿意做的事情。

晶晶从很小的时候就展现出了对色彩的敏锐观察力。李女士在发现女儿的这一特质后，便给她报了美术兴趣班，平时也很注意培养她在这方面的技能。而且晶晶也不负众望，在绘画方面展现出了惊人的天赋，一连拿下好几个有关绘画的奖项。

对于女儿的优秀，李女士从来不会吝啬夸赞。久而久之，身边的亲戚朋友也都知道了晶晶有绘画这样一项厉害的本领。于是，不管是逢年过节，还是平时拜访，只要有人上门，必然要对晶晶一番夸赞，有时还会提出要求，希望晶晶能现场"表演"一下高超的绘画技巧。

听到别人对女儿的夸奖，李女士自然非常高兴，也为女儿的优秀感到十分自豪。所以，当别人提出想要看看晶晶的"表演"时，李女士自然是一口应下，恨不得能让所有人都能够亲眼看看自己的女儿到底有多么优秀。

对于当众"表演"这种事情，晶晶心里是有些抵触的。她能感觉到，那些夸奖自己并想看自己绘画"表演"的人，或许出于客套，或许出于礼貌，但真心喜欢绘画、想要观摩她绘画技巧的人，却少之又少。

在私底下，晶晶也把自己的想法告诉过妈妈，但妈妈却不以为意，认为给亲戚朋友表演一下，也就是随便动动手指的事情，简简单单就能做到，何必拒绝呢？

渐渐地，晶晶开始对绘画产生了抵触。她经常会想，如果自己没有学画画，或者画得并没有那么好，是不是就不会被妈妈逼着像小丑一样去逗人开心呢？这样的想法逐渐变得越来越强烈。最后，晶晶放下了画笔，以自己想好好学习为由，退出了绘画班。李女士虽然心里着急，但画画这种事情，女儿说没有灵感，画不出来，她也没有办法……

再乖巧的孩子内心也有叛逆的一隅，尤其父母逼迫他做不喜欢的事情时，更容易激发他的叛逆心理，甚至将抵触情绪转移到相关事情上，"恨屋及乌"。那么，父母到底应该怎么做呢？

1. 尊重孩子的自主权

父母应该学会尊重孩子，尤其是在一些无关对错的问题上。那些在父母看来无关紧要的小事，对于孩子来说，或许影响他们的一生。尤其是敏感型孩子对事物的情绪反应本就和寻常孩子不一样。当敏感型孩子拒绝做某事的时候，即使这件事在父母看来再微小不过，但是对孩子而言可能就是"天崩地裂"般的灾难。所以，父母一定要记住，尊重孩子，不要为了一点儿小事，就伤害到自己最关心的人，勉强他们去做不愿意做的事。

2. 用引导代替逼迫

当孩子不喜欢、不愿意做的事情是他们必须要做，或者对他们有极大好处的事情时，很多父母"为孩子考虑"也会采取强硬的手段，逼迫孩子去做这件事。比如学习，当孩子表示自己不爱学习的时候，想必不会有父母"尊重"他的这一想法。但无数的事实证明，逼迫孩子学习并不能改变孩子的想法，反而可能让孩子更加反感学习。

因此，当父母希望孩子去做某件对他有好处的事情时，不要用父母的权威去逼迫他，而应试着去引导孩子，让孩子从心里一点点地改变态度和想法。要知道，孩子虽然年纪小，却并不是真的不懂事，重要的是父母要有耐心，把这些道理抽丝剥茧，一点点地告诉他，让他明白其中的道理，自己成长。

契约限制，敏感型孩子更能自觉遵守

大多数父母在管教孩子时，通常会采用两种方法：一是给孩子下命令，要求孩子按照自己的要求去做事，从而约束孩子的行为；二是苦口婆心，唠唠叨叨，时时刻刻在旁边提醒孩子应该怎么做，应该做什么。但事实证明，以上两种方法在教育敏感型孩子方面，显然都不是很成功。

下达命令的沟通方式容易激起敏感型孩子的逆反心理，不仅不能让孩子听话，反而可能让孩子在激怒之下选择故意和父母对着干；而唠唠叨叨的沟通方式则容易让孩子感到厌烦，继而干脆对父母的话充耳不闻，继续我行我素。

那么，有没有一种方法可以有效地约束敏感型孩子，又不会让他们感到抵触呢？答案其实很简单，只需要和他们订立一纸契约，便将收获到意想不到的效果。也许有人会怀疑，父母苦口婆心地劝告都没有用，一纸契约真的就能约束孩子吗？当然，这主要取决于孩子的家庭教育，因为这决定了孩子的契约精神的发展状况。

简单来说，孩子的契约精神发展可以分为三个阶段。第一阶段，孩子一岁左右时，开始对规则——也就是我们说的契约——产生初步认识。这种认识多是从观察父母的行动中得来的。

等到孩子三岁左右时，契约精神的发展就进入了第二阶段。此时，孩子开始对生活中的一些规则有了进一步了解，并且逐渐认识到"违背规则将会受到惩罚"。因为规则在他们的认知里不容改变，也不能违背。

等孩子再长大一些后，契约精神的发展就进入了第三个阶段，也就是比较成熟的阶段。此时，孩子已经意识到，任何规则都并非一成不变。事实上，任何规则和契约，都是利益相关的各方共同协商和妥协的结果。也就是说，如果有一方不认可，不妥协，一切规则和契约都是可以打破的。此时，契约对孩子是否具有约束力，主要就取决于孩子是否认可这个契约。

父母如果想通过订立契约的方式来管束和教育孩子，首先要成功地说服孩子接受契约。只要孩子认可，契约就会对孩子产生强大的约束力。但是，如果无法说服孩子，那么契约对于孩子就没有任何作用。

万女士在和儿子仔仔订立亲子契约前，并没有抱太大的希望。她并不认为一纸薄薄的契约真能管住调皮捣蛋的儿子。但不管怎么样，事情既然开了头，万女士还是和仔仔一起认真地讨论契约的每个条款，并在仔仔爸爸的见证下签上了双方的名字。

万女士和仔仔订立的契约很快就迎来了第一个挑战。契约约定，仔仔每周六都要按时去上书法课，认真完成老师布置的任务，而万女士则同意让仔仔在暑假期间参加他渴望已久的夏令营。结果，学校临时通知，周六组织学生郊游。因为这次郊游是临时通知，很多学生都有自己的周末计划，所以这次郊游大家可以自由报名。与仔仔要好的几个小伙伴都报名参加郊游，仔仔自然也心动了。他犹豫了好久，但还是告诉妈妈，自己准备参加周末学校组织的郊游，不想去上书法课了。

万女士听了，平静地告诉仔仔："还记得你和妈妈签订的契约吗？这契约是我们一起订立的，爸爸是契约的公证人。如果你认为，这份契约不具备约束力，可以随意打破，那么妈妈是不是也能出尔反尔，不让你参加夏令营呢？"

如果是往常，仔仔的要求不被接纳，这个小霸王早就又吵又闹，恨不得满地打滚了。但这一次，虽然可以看出仔仔依旧不高兴，还在闹脾气，不和万女士说话，但是没有胡搅蛮缠。更令万女士感到意外的是，到了周六，仔仔不仅乖乖地去上书法课，还认真地完成了老师布置的书法作业。

孩子的世界往往要比成年人简单得多。因此，很多时候孩子比成年人更加重视约定，也更具有契约精神。尤其是敏感型孩子的情绪感知力更强，羞耻心和自尊心也更强，契约对他们的约束力也会更强。所以，利用订立契约的方式来对敏感型孩子进行教育和管束，往往能够取得令人意想不到的惊喜。为了让与孩子订立的契约能够有效实施，父母需要注意以下几点。

1. 约定要具体，杜绝找漏洞、钻空子的机会

一份合格的契约，其内容必然是严谨、具体的，以防止别人找漏洞和钻空子。父母与孩子订立契约时同样需要注意这一点，毕竟契约对孩子有约束力，不代表孩子不会发挥自己的聪明才智，去契约中找漏洞、钻空子，来达成光明正大地偷懒的目的。

2. 约定的事情一定是孩子力所能及的

契约主要起到的是约束作用。父母和孩子订立契约，主要是为了培养孩子的自律性。因此，契约中约定的事情，应该是孩子力所能及且可以做到的事情。如果难度过大，孩子难以完成，那么必然会打击孩子履行契约的积极性。

3. 双向契约比单向契约更具约束力

如果契约只是针对孩子来制定的，那么久而久之，孩子就会产生一种不公平的感觉，从而影响契约的作用。如果父母与孩子订立的是双向契约，不仅对孩子有约束，对父母也有约束，那么孩子就会意识到，这份契约是平等的。如果父母能够一直坚持履行契约，那么久而久之，孩子也会受到影响，以父母为榜样，自觉地遵守契约。

4. 建立相应的奖惩制度

通常来说，大部分孩子的自制力都比较差，有时候明明知道这样做是错误的，但还是控制不住自己。所以，仅仅依靠契约的约束力和孩子的自制力来维持契约是非常不现实的事情。父母必须在签订契约的同时，建立相应的奖惩制度，以此来增强契约对孩子的约束力。

敏感型孩子碰触了"红线"，
也要接受惩罚

敏感型孩子该如何管教，一直是困扰父母的难题。管教孩子的方式有许多，但想要绕过奖惩这两个字也是很难的。奖励还好说，毕竟人人都喜欢奖励，不管是给孩子买上一件喜欢的玩具，还是给孩子做一次喜欢的菜肴，都能让孩子满意。而对孩子进行惩罚却让许多父母犯了难，尤其是敏感型孩子。

敏感型孩子对于惩罚是非常敏感的，一次惩罚甚至会给他们带来程度很深、难以忘记的伤害。许多父母与其说是惩罚孩子，倒不如说是惩罚自己。如果惩罚孩子，当时孩子如何哭闹，如何难哄自不必说，之后好几天孩子仍然是闷闷不乐。如果去哄孩子，又担心这次惩罚变得毫无意义。但是不哄孩子，又担心孩子对自己像仇人一样，这是父母不愿意接受的。

即便是为了孩子，父母也不愿意给自己找麻烦。所以，在教育敏感型孩子的时候，许多父母会原则上以奖励为主，很少使用惩罚，甚至干脆不惩罚。

但是，要教育出一个好孩子，惩罚是必不可少的。特别是对敏感型孩子来说，他们在学习、观察、模仿这些方面，远比普通孩子更强。如果因为孩子不高兴，因为孩子哭闹，因为孩子撒泼打滚，父母就放弃惩罚，毫无原则地满足孩子的任何要求，他们很快就能总结出经验来。比如，向父母讨要东西的时候应该怎么做，逃避父母责罚的时候又应该怎样做。此时，这已经不是父母在教育孩子，而是孩子在训练父母。特别是在孩子犯了严重错误、触及"红线"的时候，必须对孩子进行惩罚，让他做到引以为戒。

都说严父慈母是教育孩子的最好搭配，而小月家则不同：爸爸对女儿小月堪称是百依百顺，简直是"二十四孝老爹"；妈妈更是把小月当成心肝宝贝，顶在头上怕掉了，含在嘴里怕化了。出现这种情况，就因为小月是一个敏感型孩子。

在小月刚刚懂事的时候，就知道体恤父母，安慰父母。小月看动画片的时候经常会因为里面的小主角遭遇不幸而哭泣。对于父母来说，有这样一个懂事、乖巧、善良的女儿，怎么会不疼爱呢？

随着小月逐渐长大，性格也变得越来越调皮。小月经常耍些小聪明捉弄小伙伴，有些时候还会戏弄爸爸妈妈。虽然爸爸妈妈因此教训过小月几次，但每次小月都要哭上好一会儿，有一次甚至哭得说不出话来。而且，不管是谁教训小月，小月都要好几天不跟他说话。几次之后，爸爸妈妈都不愿意因为一些小事来教训小月了。有几次小月做得太过分，爸爸妈妈刚板起脸要开口教育几句，小月就委屈得两眼泪汪汪了。疼爱小月的爸爸妈妈自然没办法再把教训的话说出口。几次以后，小月就明白爸爸妈妈不会教训她了。

有些人觉得小孩子作恶比成年人更加可怕，这是因为小孩子还没有形成完善的是非观，也不懂得那些看似无伤大雅的玩闹会造成多么可怕的后果。小月是一个心地善良的孩子。其实她捉弄人也没有坏心思，只不过想和小伙伴开个玩笑。但是，父母的纵容却让她险些酿成大祸。

这一年夏天，小月学会了游泳。小月的新鲜劲儿还没过，秋天就已经到了。幸好家附近就有室内游泳馆。几乎每隔半个月，爸爸妈妈就会带小月来玩一次。某个周末，爸爸又带着小月来游泳馆玩，刚好碰见邻居也带着女儿来游泳。大人寒暄的时候，小月无聊地东张西望。小月看到邻居的女孩正站在游泳池边上，试着用脚去够掉进水里的游泳圈。看见对方毫无防备，小月就起了捉弄一下对方的心思。小月趁对方不备，突然推了女孩一下。女孩惊叫一声，就掉进了泳池里。虽然只是 1.2 米深的浅水池，但对于一个还没学会游泳的孩子，简直是致命的。幸好此时游泳的人不多，孩子的惊叫声马上就引起了附近大人的注意，把邻居的孩子救了上来。

回家后，妈妈刚想问今天怎么这么快就回来了，爸爸就脸色发青地向妈妈讲述了小月所做的事。爸爸妈妈觉得，这是以前太过于担心女儿，不愿意惩罚女儿，才导致今天出现了如此惊险的一幕。这一次，爸爸妈妈联合起来，狠狠地教训了小月一番。虽然小月伤心地大声哭泣，但是爸爸妈妈并没有因此心软，停止对小月的教育，而是等小月不哭了再接着说。爸爸妈妈告诉小月，她今天的行为非常危险，如果不是有大人在旁边就有可能让小朋友丢掉性命。爸爸妈妈一直等到小月保证不再捉弄小伙伴才停止了这次谈话。

在教育敏感型孩子方面，平日里惩罚少一些，是因为敏感型孩子更懂事，更容易受到打击。但这不代表在原则问题上父母要不断地退让。这是因为敏感型孩子能够察觉到父母的软弱和退让，知道父母正逐渐失去掌控自己的力量。于是，他们会想方设法从父母身上获得想要的一切，并且试图逃避父母给予的惩罚。

孩子虽然不是父母的所有物，但是在孩子形成正确的三观之前，父母一定要对孩子有一定的控制能力。如果孩子失去了控制，就会像野外的果树一样，随心所欲地疯长，很难收获累累硕果。如果孩子误入歧途，到时候父母就后悔莫及了。

父母对于敏感型孩子，要尽量不惩罚，但不是绝对不可以惩罚。特别是在原则问题上，当孩子触及"红线"的时候，一定要惩罚，让其认识到错误的严重性。敏感型孩子有着极强的自尊心，比普通孩子更容易记住为错误所付出的代价，也就更容易杜绝再犯同样的错误。

第5章　去拥抱那只"刺猬"

——只有使用低敏化沟通，敏感型孩子才愿意听从

在孩子的成长过程中，父母常常要与孩子斗智斗勇。但对于敏感型孩子，父母如果找不到正确的应对方式，往往会杀敌八百，自损一千。因为对敏感型孩子来说，有时绞尽脑汁地让他听话，远不如采用低敏化的沟通方式，少一点儿套路，多一点儿真诚更有效。

孩子什么都不愿对你说，问题出在哪里

不久前看到一组数据。全国妇联儿童部、中国家庭教育学会以及《中国妇女》杂志针对"你对孩子了解多少"这一问题，对千名母亲展开了问卷调查。结果发现，有32.35%的母亲表示，自己"找不到好的沟通方法"来和孩子交流；有21.47%的母亲表示，自己"说什么孩子都不愿意听"；有21.47%的母亲表示，"孩子不愿意和自己说心里话"；还有11.32%的母亲则表示，"孩子总是和自己顶嘴"。

韩国电视剧《请回答1988》主角正焕和母亲之间的关系正是现在很多问题家庭的写照。

17岁的正焕每天回到家第一件事，就是回到自己的房间，关上卧室门，戴上耳机。正焕妈妈每次想和儿子聊天，都找不到机会。她想知道儿子心里想什么，每天都发生了什么事，但除了开口要钱交学杂费之外，儿子几乎和她没有任何交流。

父母对于孩子来说，本该是最亲密无间的人，可"无法沟通""不知道如何沟通"却成了许多父母面对孩子时最大的烦恼，问题究竟出在哪里呢？

有人说，孩子长大了，有了自己的想法，需要自己的空间，不再愿意什么事都和父母分享。但事实上，即便孩子有自己的想法，甚至迫切地想要确立自己的独立性，这与父母聊天、交流也没有什么冲突。

只能说父母与孩子之间的沟通存在问题。归根结底，还是彼此之间的亲密关系出了问题。如果解决不了这些问题，那么父母与孩子之间的隔阂只会越来越深。而要解决这些问题，首先父母要找到问题的根源，知道究竟是什么造成了父母与孩子之间的沟通障碍。

在一次亲子教育的交流会上，程女士分享了这样一件事：

有一天，程女士在上初中的女儿桌上看到一本明星写真集。她非常好奇，便指着封面上的男明星问女儿："这个男生是那个××吧？就是前几天那部电视剧里那个。"女儿眼前一亮："妈，你居然还能认出他来？是不是特别帅？"

接着，女儿便叽叽喳喳地开始向程女士介绍这个男明星的种种事迹，什么名牌大学毕业，为人有礼貌又宠粉……夸完明星后，女儿又开始说，她的好多同学都很喜欢那个明星，大家经常一起探讨怎么追星。之后，母女俩又说了学校里发生的许多趣事。女儿讲得很开心，程女士也听得很高兴。

要知道，在此之前，程女士一直都很苦恼，因为女儿进入青春期后，就不太愿意和父母交流了，也从来不和她说学校里发生的事。有时候程女士多问几句，女儿还会不耐烦地发脾气。

后来，程女士也问女儿，为什么那天会突然愿意和她聊天，还说了学校里发生的很多事情。女儿的回答很有意思，她说："因为这些都是我感兴趣的事情啊！"

是的，答案就是这么简单又直接，因为喜欢，因为感兴趣，所以愿意交流，愿意倾诉。

其实，父母只要回想一下就会发现，孩子年幼时，不论发生什么事情，都非常乐于向父母倾诉。无论是生活中的种种琐事，还是脑海中天马行空的想象，都想和父母一起分享。如果父母愿意认真倾听孩子的叙述，或者对他们分享的事情表现出些许兴趣，那么孩子无疑就会表现得更加兴奋。因为对他们来说，分享自己感兴趣的事情本身就是一种快乐。若是能恰好得到父母的认同，那么分享所带给孩子的这种快乐就会成倍提升。

然而，现实却是很多父母对于孩子分享的事情往往没有那么重视，有时甚至表现得十分敷衍，甚至持否定态度。于是，很多时候，亲子之间的对话便发展成了父母单方面的说教和训斥。久而久之，与父母谈话对孩子来说就成为一种煎熬。毕竟，谁喜欢总是被否定呢？那么，父母要和孩子重拾"无障碍"的亲子沟通，到底该怎么做呢？以下几点需要父母注意。

1. 降低身段，放下权威，和孩子平等交流

在面对孩子时，很多父母都会无意识地"端架子"，以维护自己的权威。殊不知，也正是因为这样，很多孩子都不喜欢和父母交流。对孩子来说，他们所期望的是拥有一个愿意听自己说话，也愿意理解自己内心感受的父母，而不是一个高高在上、总是命令自己、甚至否定自己的父母。所以，父母要走进孩子的内心，就要学会降低身段，放下权威，以平等的姿态去和孩子沟通，成为孩子的知己，而非领导。

2. 耐心倾听，不要贸然地打断或否定孩子所说的话

年龄与经历的不同造就了父母与孩子在思维方式和兴趣爱好等方面的差异。无论是爱好、审美还是对事物的看法，父母与孩子都是存在差异的。如果父母非要强迫孩子按照自己的想法行事，只会引起孩子的反感和抵触。

尤其是在孩子倾诉自己的想法和观点时，如果父母总是贸然打断或表示否定，只会让孩子越来越抵触与父母交流。所以，无论什么时候，父母都应该尊重孩子发言的权利，不要轻易地打断或否定他们，要懂得站在他们的角度去理解他们。父母只有这样做才能真正赢得他们的认可，同时也真正明白他们到底在想些什么。

3. 尊重孩子的隐私，理解孩子的沉默

每个人都有隐私，即便孩子也不例外。所以，当孩子不愿意将某些事情说出口时，父母应该做的就是引导和开解孩子，并给予他们沉默的权利和空间，而不是去逼迫或训斥他们。

4. 给予孩子适当的肯定和赞美

对任何人来说，收获赞美与肯定都是令人愉悦的事情，孩子也不例外。所以父母与孩子交流时，适当地给予他们肯定和赞美，必然能让孩子产生愉悦感，从而更愿意与父母进行交流。更重要的是，当父母给予孩子肯定和赞美时，其实也是在告诉孩子："我支持你，我们是一个阵营的！"这种暗示无疑能够有效地拉近父母与孩子的距离，从而实现"无障碍沟通"。

少说易过敏的话，
减少与敏感型孩子的摩擦

"我家孩子脾气太差了，一句话说不对就摔东西……""都不知道他在想什么，什么都不肯说，经常发脾气……""一开始还好好的，也不知道哪句话没说对，就又闹脾气了……"

这是许多敏感型孩子的父母最常说的话。对他们来说，想和孩子来一场心平气和的谈话，简直比登天还难，有时甚至都不知道究竟哪句话没说对，就能点燃家里的"小炮仗"。

其实，这并不奇怪，人与人之间的沟通本来就存在许多隔阂。即便我们掌握了语言这项极为方便的沟通工具，也不意味着沟通就能畅通无阻。要知道，哪怕是同样的一句话，用不同的语气、不同的神情说出口，也能表达出不同的意思。可以这么说，因为语言的多样性，人与人之间的沟通总是容易出现偏差和误解。

尤其是那些敏感型孩子思维往往比较复杂，哪怕只是一句话、一个眼神，都可能引起他们的警觉，让他们忍不住地发散思维，"解读"出更深层次的含义。正是因为存在这样的偏差，很多时候父母根本不知道自己说错了什么，而孩子也是万般委屈。这样一来，沟通自然就无法顺利进行。

媛媛是刘静初中时的同学，她们相识已经十余年了。记得上学那会儿，媛媛和她妈妈的关系十分亲密。两个人像朋友一样无话不谈，这让许多同学都羡慕不已。

但是后来，不知从什么时候开始，媛媛和她妈妈的关系开始变得疏远了，甚至一度发展到针尖对麦芒般的程度，两个人一开口就吵架。

不久前，刘静和媛媛相约去吃烤肉。中途，媛媛接到了她妈妈打来的电话。也不知她妈妈在电话里说了什么，媛媛眉头紧皱，不耐烦地敷衍了几声："知道了，知道了。"就把电话挂断了。然后，媛媛无奈地抱怨道："有时候，我真的不想和我妈吵，但她的掌控欲真的太强了，什么事都想管，都想安排。你说我都三十好几了，我约朋友吃个烤肉怎么了？我懒得做饭，叫个外卖怎么了？是犯了什么大错吗？天天在那里念叨，让我不要那么懒，要会过日子，自己做饭健康，又省钱……"

后来，媛媛告诉刘静，她和妈妈的关系发生改变是因为初三时的一件事。男孩女孩都经历过春心萌动的时候，媛媛也不例外。那些隐秘的少女心事，被她十分珍重地记录在日记里。但她没想到的是，她一直非常信任的妈妈居然偷看她的日记。

那段时间，媛媛发现，妈妈经常会旁敲侧击地询问她关于班上男生的事情。敏感的媛媛很快就发现了其中的问题，母女俩为此大吵一架。此后，媛媛再也无法信任自己的妈妈了。不管妈妈说什么，她都会忍不住地反复推敲，这些话背后是否有什么隐秘的意图，她是否背着自己做了什么。

其实，很多父母都曾做过和媛媛妈妈一样的事情，因为他们对自己的孩子有着太多的担心，总想知道孩子心里到底在想什么，每天都经历了什么。父母总害怕一不小心就让孩子受到伤害。然而，这样的举动只会让父母与孩子之间的距离变得越来越远。

在和孩子说话的时候，很多父母明明是为了孩子好，但说出口的话总是充斥着一种指责的意味。"你怎么又没把桌子收拾好，都说了多少遍了!""跟你说东西不要乱放,要讲几遍才记得住!""怎么那么懒,天天叫外卖,多不卫生啊!""能不能有点儿记性,怎么又忘记关灯!"……

父母明明是关心和担心孩子,希望能帮助孩子改掉坏习惯,让他们变得更好、更优秀,可就因为这样不恰当的表达方式,所有话语传到孩子耳中都变成了训斥和责骂。这样的沟通方式,谁会喜欢呢?

语言是人与人之间使用最频繁、最直接的一种沟通方式。据心理学研究,孩子在 1 岁之后就能够从大人说话的语气分辨出大人的情绪,而大人说话时所带的情绪对亲子沟通有着很大的影响。当父母带着不良情绪,以问责、命令、唠叨、否定、主观臆断等方式与孩子展开对话时,这种"破坏性的沟通方式"只会让孩子逐渐关闭心门,让亲子沟通变得越来越困难。

其实,父母在面对孩子的事情时,最重要的永远都是重视孩子的情绪。只有做到这一点,父母才能真正走进孩子的心门,与孩子进行有效沟通。尤其是父母在面对敏感型孩子时,千万不要让那些不经意说出口的话,伤了孩子的心,让孩子离自己越来越远。

那么,哪些话是敏感型孩子的"禁忌",容易引起他们的"过敏反应"呢?

1. 主观臆断的话

很多父母在和孩子交流时,总认为自己十分了解孩子,常常在没有任何证据的情况下,就根据自己的臆断来直接给孩子下结论。比如看到孩子脸上有伤,就直接训斥:"你是不是又和别人打架了!"听说老师要见父母,立刻就下结论:"你怎么又在学校惹事!"

父母这样的主观臆断非常容易引发孩子的抵触情绪，会让孩子觉得自己不被父母信任，觉得自己无论做什么，在父母看来都是错的。久而久之，孩子自然就失去了和父母沟通的欲望，甚至对父母产生抵触情绪。

2. 比较的话

"你看看 ××，再看看你自己！""人家 ×× 都能怎么怎么样，为什么你就那么不争气！""你就不能像 ×× 那样懂事一点儿吗！"……

诸如此类的话，很多父母在教训孩子时都曾说过。对父母来说，这或许就是随口说出的感叹，但对孩子来说，这样的话却是一种伤害。如果父母总是用"别人家的孩子"来作为参照，不仅无法达到纠正孩子错误的目的，反而让孩子滋生更多的抵触情绪。

父母放下架子，蹲下去与敏感型孩子沟通

著名教育家陶行知先生曾写过这样一首诗《小孩不小歌》："人人都说小孩小，小孩人小心不小，你若以为小孩小，你比小孩还要小。"这首诗歌虽然简单，却蕴含着十分深刻的哲理。如果你能够真正理解这首诗歌，就能真正学会如何与孩子进行沟通。

"小孩子懂什么！"这是很多父母在提到孩子时都会挂在嘴边的话。对他们来说，认为孩子年纪小，幼稚单纯，根本什么都不懂。无论他们有什么想法和诉求，只要和父母不一致，就可以直接忽略。殊不知，正是这样

的心态，成了父母与敏感型孩子建立良好沟通的最大阻碍。

诚然，因为年纪、阅历等多方面原因，孩子的某些想法确实不够周全，但这并不意味着他们就没有独立的人格和思维。如果父母不懂得尊重孩子，只一味地将孩子当作可以任由自己摆弄的傀儡，那么怎能指望孩子向父母敞开心门呢？尤其是那些性格敏感，本就容易多想的孩子，在面对从来不在乎自己的想法、不尊重自己诉求的父母时，更是不可能敞开心扉，与父母建立良好的沟通了。

人与人之间实现真诚沟通的前提永远是平等。这对任何人都是适用的，哪怕是父母与孩子之间也同样如此。无论大人还是孩子，没有谁天生就喜欢被控制，喜欢"低人一等"的感觉，尤其是那些敏感型孩子。父母想要走进敏感型孩子的内心，真正得到孩子的认可，首先要学会放下父母的架子，"蹲下去"和孩子沟通，平等地对待他们。

周末，方女士带着10岁的儿子童童到刘静家玩。刘静发现，她和童童的相处方式与以往有许多不同。以前，她总会贴心地为童童准备好食物和水，在"恰当"的时间督促童童吃东西、喝水，也会在忙碌时给童童安排好打发时间的活动内容，比如看什么电视节目，玩什么玩具等。在方女士看来，童童年纪那么小，根本什么都不懂。父母帮他安排好一切，也是一种责任。

但那天，刘静发现方女士对待童童的态度似乎有了一些改变。她开始用商量的语气和孩子交涉，而不是直接给孩子下达命令或做好安排。比如她会询问童童渴不渴，想要喝水还是喝牛奶。在和刘静聊天时，方女士会和童童商量，能不能自己玩一会儿，并且让他自己选择是想看电视还是玩玩具。这些似乎都是微不足道的小事，但从这些细节的改变，就能看出她在教育孩子的方法上确实发生了翻天覆地的改变。刘静非常好奇地询问方女士，为什么会有这样的改变。她给刘静讲了这样一件事：

"上个周末，我带儿子去公园玩，看到一对夫妻在打乒乓球。他们身边有一个大概三四岁的小女孩，应该是他们的女儿。当时，那个小女孩突然说自己也想玩乒乓球。我心想，这小孩还没球桌高呢，怎么玩？但让我感到意外的是，他们并没有无视小女孩的诉求，那位爸爸直接把小女孩抱起来，让她握着乒乓球拍，然后自己再握住她的手，就这样让她加入了这项运动。一家三口玩得非常开心。

"当时，我心里突然感到有些惭愧。以前儿子还很小的时候，也曾向我提出许多这样'不合理'的要求，但我都以各种各样的'理由'心安理得地无视了。想打羽毛球？手那么小，都握不住球拍，打什么打？想去游泳池玩？多危险啊，你又不会游泳，去干什么？想和同学一起去露营？你才多大，就你们几个小孩，遇到危险怎么办，不许去……"

"扪心自问，如果是我的朋友向我提出这种'不合理'的要求，我会不会这么果断地拒绝对方呢？显然是不会的，我会帮助对方出谋划策，想办法把'不合理'变成'合理'。就在那一刻，我突然意识到，我从来都没有真正重视儿子的想法，更不要说顾及他的情绪。我一直觉得，他是小孩子，什么都不懂，无法自己做决定，所以就顺理成章地帮他安排一切事情，并且把他放在一个和我不平等的位置……"

方女士的话让刘静触动良多，而她与儿子之间越来越和谐的亲子关系也让刘静意识到，很多时候，父母与孩子之间想要建立良好的亲子关系，其实并没有那么复杂，只要学会互相尊重，把彼此放在平等的位置上，许多问题就迎刃而解了。

没有谁喜欢一直抬头仰视别人，也没有谁愿意一直被人无视，尤其是那些敏感型孩子更是如此。他们通常都比较早熟，对父母态度和情绪的变化感知也更为敏锐，因此，在和他们沟通时，如果父母总是一种高高在上的态度，那么从一开始，就注定无法得到他们的好感与信任，更别谈建立良好的亲子沟通了。

那么，在和敏感型孩子沟通时，父母应该怎么做呢？

1. 放下架子，用平等的态度与孩子交谈

德国著名心理学家黑尔加·吉尔特勒说过这样一句话："如果你放弃权力，放弃你的优越感，那么你将更有机会得到孩子的尊重与信任。"然而，在面对孩子时，很多父母最常犯的错误，就是习惯端着父母的架子，总是一副高高在上的样子，不肯蹲下来平等地去和孩子沟通交流。有的父母可能觉得自己是父母，只有端起架子，才能建立父母的权威，才能让孩子"听话"。但实际上，这种态度不仅不会赢得孩子的尊重，反而会引发孩子的抵触情绪，让孩子越来越不喜欢与父母进行沟通和交流。

2. 尊重孩子的人格和意见

很多父母在决定一件事的时候，都不询问或考虑孩子的意见。因为他们认为，自己是孩子的长辈，有权安排孩子的一切。而且，孩子年纪小，不懂事，又能有什么想法和意见呢？

诚然，因为缺少阅历，大部分孩子在考虑问题时，都很难给出建设性的意见，但孩子是否能给出有用的意见，与父母是否询问孩子的意见，实际上没有任何关系。后者代表的是父母对孩子的态度，是否尊重孩子的人格与意见。

对于大多数孩子来说，他们或许有些不服气，但不会多考虑什么。然而，对于敏感型孩子而言，父母对待他们的态度非常重要，能否从父母身上感受到重视与尊重也是非常重要的。

当孩子不希望你靠近时，请主动保持距离

当孩子不希望你靠近，想要拥有一些自己的空间时，你会怎么做呢？不少父母大概都不会把孩子的这一诉求放在心上——一个小孩子，要什么自己的空间？没有父母的管制，是不是就要偷懒犯错？

在很多父母看来，自己与孩子本就是彼此最亲密的人，而且孩子是自己生的，是属于自己的一部分。作为父母，当然有权利参与孩子的一切事情。这样的想法显然是不对的。孩子是一个独立的个体，不是父母的附属品。更何况，每个人都有不想被别人触及的隐秘，每个人都需要自己独立的空间。两个人，无论是什么关系，无论多么亲密，彼此之间都应该保留一定的界限和距离，这是对彼此的一种尊重。

纪伯伦有一首诗是这样写的："你的孩子，其实不是你的孩子。他们是生命对于自身渴望而诞生的孩子。"

每一个人都是独立的个体，孩子也不例外。而成长正是孩子从依赖父母逐渐走向独立自主的一个过程。只有经历了这个过程，孩子才能真正成长为一个有主见、有分寸、有勇气也有担当的人。

在孩子成长的过程中，如果父母始终无视他们渴望独立的意愿，强硬

地将他们"圈禁"在自己的阴影里，越界去插手孩子的一切，那么必然会阻碍孩子的成长，甚至毁掉他们的快乐与自由。这对孩子，尤其是那些敏感型孩子而言，不亚于一种折磨和虐待。

一次，在聊天时，岳女士向刘静抱怨，儿子小晨越长大就和自己越不亲近了，让她感觉有些难受。小的时候，小晨特别黏岳女士，还不会说话就知道要找妈妈。他除了妈妈，谁都不让抱，就连爷爷奶奶和外公外婆都是哄了很久，才能勉强给抱一会儿。那个时候，岳女士真是又疲惫又幸福。

现在，小晨上小学三年级了，开始有意无意地和岳女士"保持距离"。以前每天吃完饭，小晨都要缠着岳女士陪他一块儿写作业，弄得岳女士"苦不堪言"。可现在吃完饭，岳女士主动陪小晨写作业，都会被小晨直接拒绝："妈妈，你出去吧，我要写作业了。"这弄得岳女士的心里很失落。

岳女士也曾经怀疑，是不是小晨不想写作业，要支开自己，然后在房间里偷偷地玩儿。为了验证自己的猜想，岳女士时不时地借送水果、牛奶的名义搞"突然袭击"。结果她发现，小晨真的是在认真地写作业、看书。为此，小晨还生气地和她吵了几次，让她不要总是打搅自己，而且对她也更加疏远了。

对于小晨的举动，岳女士很不理解，既然他确实是在写作业、看书，那为什么一定要把自己"赶走"呢？自己也不会打扰他呀！

小时候，父母对于孩子来说是自己最亲近、最依赖的人，和父母在一起能让他们感觉到安全，所以那时候，孩子总是喜欢黏着父母。当孩子渐渐长大之后，独立的自我意识觉醒，他们便会开始迫切地渴望脱离父母，成为独立的个体，拥有独立的私人空间，但这并不意味着亲子关系的疏离，而是雏鸟离巢的必然。

相反，如果父母与孩子之间始终缺乏一条"界限"，那么就意味着，孩子一直都在依附父母，始终没能真正成长为独立的个体。从长远来说，这绝对不是一件好事。

在某综艺节目上，一位嘉宾分享了这样一个真实的故事：

一个女孩找了一个男朋友。她非常喜欢自己的男朋友，对方对她也很好。但女孩的家人却反对他们在一起，并对她的男朋友诸多挑剔，什么学历不够，身高太矮等。到最后，女孩的妈妈坦言，自己之所以反对这段感情，是因为女孩自从谈恋爱之后，就不再那么听自己的话了。

最后，女孩还是和男友分手了，放弃了这段感情。但与此同时，她也无法再继续面对自己的家人，决定远走高飞，远离自己的家庭。

类似这样的故事在现实生活中并不少见。有很多人都像那位女孩一样，明明不愿意做某件事，但最后都会屈服于父母长辈的威压，违背自己的心意去做某事。有的人渐渐地习惯了父母安排好的一切，选择了麻木的妥协与顺从；但是也有的人就如那位女孩一样，远离了家庭。

为什么会出现这样的现象呢？说到底，这就是界限缺失带来的影响。因为在成长过程中，孩子始终没能完全脱离父母的羽翼，成为独立的个体，因此他们始终没有学会如何坚持自我，如何尊重自己的感受。

每一只雏鸟最终都会张开翅膀，离开巢穴，飞向属于自己的天空，这是一种命运的必然，也是一种生命的轮回。作为父母，无论有多么不舍，我们都应该学会尊重这种界限，在孩子需要不希望我们靠近时，主动保持距离，做到不踩线、不越线，尊重孩子独立的人格与思想。

孩子犯错以后，
给孩子为自己申辩的机会

很多亲子关系的恶化往往都始于沟通不当，而造成这种沟通不当问题的大部分责任，其实都在父母身上。

回想一下，以前孩子有多喜欢围绕在父母身边，叽叽喳喳地讲述自己听到、看到、感受到的一切，恨不得把自己一天笑了几次都事无巨细地分享给父母。而那时候，父母又是如何做的呢？

有的父母或许因为工作忙碌，对孩子所说的一切充耳不闻，偶尔给几句敷衍的回应；有的父母或许正沉迷于其他有趣的事情，在孩子一直喋喋不休的时候，大概还会教训几句；还有的父母对所有事情都习惯武断地下结论，从来不给孩子多说一句话的机会。亲子之间的沟通问题就是这样出现，并一步步走向恶化的。

心理学大师阿德勒曾说过："人的所有行为，都是在追求价值感与归属感。"孩子同样如此，他们也渴望和父母建立亲密的关系，渴望自己的思想与行为能被认可，渴望从中找到自己的价值感与归属感。

可以说，孩子其实比父母更渴望沟通。当父母觉得孩子长大了，什么都不愿意再对自己说的时候，或许应该好好想一想，自己是否真的给过孩子好好说话的机会，又是否认真地聆听过孩子的心声，关心过孩子的思想。

在电视剧《小欢喜》中，高三学生季扬扬的父母因为工作关系，常年缺席他的成长。直到他上高三的时候，父母才终于回到他的身边，陪伴他奋战高三。然而，对于父母的归来，季扬扬似乎并没有那么高兴。有好几次，父亲试图与他交流，被他无情地拒绝了。

乍一看，季扬扬是一个非常叛逆的孩子，拒绝沟通，对父母总没个好脸色。但事实上，他会在得知妈妈一个人搬家时主动帮忙，主动和妈妈交流。他也会向网友倾诉生活中的烦恼以及那些埋藏在心底的想法。

季扬扬对父亲的冷漠并非毫无缘由。除了常年缺席的陪伴之外，父亲在教育方面的专横态度也是让他充满抵触和抗拒的原因之一。

有一次，季扬扬和往常一样去玩赛车。早已经习惯独自生活的他根本没想起来和父母报备，害得父母担心了一整晚。在反应过来之后，季扬扬的内心其实是很慌张内疚的。他急匆匆地赶回家，刚想和父母解释缘由，就被父亲的训斥打断了。父子关系再一次降至冰点。

在生活中，类似这样的事情许多家庭都发生过。孩子犯错时，父母总是恨铁不成钢，却总忘记给予孩子一个申辩的机会。父母的焦虑和关心我们可以理解。其实，在犯错的第一时间，很多孩子就已经意识到了自己的错误，而父母不问缘由地训斥，往往只会激发他们的叛逆心理，将他们内心的愧疚直接转化为委屈与愤怒。

尤其是那些敏感型孩子往往比普通孩子想得更多，心理负担也更重。父母不问缘由的训斥带给他们的只会是难以磨灭的伤害和不被理解的痛苦。

人非圣贤，孰能无过，犯了错并不代表不知好歹，不讲道理。当孩子犯错时，父母不要急着下结论，给孩子一个申辩的机会，听一听孩子内心的声音，再决定如何与孩子进行有效的沟通。

父母想与高度敏感的孩子建立良好的沟通，需要注意以下几点：

1. 冷静下来，先听一听孩子的看法

人不会无缘无故去犯错，无论孩子做了什么，作为父母，都应该先给他们一个申辩的机会，让他们将自己的想法与观点说出来。即使这些观点你不认同、不接受，也应该耐心地让孩子把话说完，之后再发表你的观点。

2. 与孩子交流，而不是命令

很多父母在和孩子交流的时候，总是喜欢对孩子评头论足，对自己不认同的观点横加指责，甚至不停地对孩子下达命令——以后不能再这样做，千万不能这么想……

一位教育专家曾说过："很多时候，孩子与我们交流，需要的并不是我们认同他们的感受，而是需要我们了解他们的感受，并予以回应。"

彼此交流，重视了解对方的想法与观点，对孩子循循善诱，进行正确的引导，这才是与孩子交流沟通的真谛。如果父母总是对孩子下达命令，评头论足，根本不在意孩子的想法，只会让孩子产生叛逆心理。如果父母无法与孩子共情，那么就很难教育和说服孩子。

3. 注意孩子的情绪，避免造成二次伤害

敏感型孩子的情绪更容易受到外界变化的影响，这就意味着，对于同一件事，他们的承受能力可能会更弱，也更容易陷入崩溃。父母和敏感型

孩子交流的时候一定要注意观察孩子的情绪变化，尤其是在他们情绪低落时，千万不要不以为意，甚至讽刺挖苦，对他们造成二次伤害。孩子的内心有时很脆弱，如果父母不小心伤害了孩子，只会把孩子越推越远，导致孩子越来越不愿意和父母交流。

循循善诱地询问，
而不是一再质问与审问

语言是人与人沟通的桥梁，是传递信息的重要工具。在面对陌生人的时候，人们会更加在意语言的使用，让自己表现得更加文明礼貌，更加有涵养。而面对熟悉的人，则多了几分亲近、随意和真实。事实证明，人们在使用语言的时候，越是面对亲近的人，就越不会修饰自己的语言和语气。因此，大家都将最好的一面给了陌生人，将糟糕的一面留给了自己亲近的人。

我们最亲近的人是谁？当然是我们的父母、伴侣和孩子。在面对父母的时候，我们说话虽然随意，但是毕恭毕敬。在面对伴侣的时候，亲昵、自然，无拘无束。但是在面对孩子的时候呢？情况就不一样了。

不是因为我们和孩子说话时带有恶意，也不是因为我们是孩子的父母，就有资格居高临下地对待孩子。父母有教育孩子的责任，在孩子犯错的时候，应该承担最大责任的不是孩子，而是父母。因此，父母才会气急败坏，才会迫不及待地想要知道孩子到底做没做坏事。

孩子不管是语言能力还是思维能力，都比不上成年人，因此在遇到问题的时候，更容易陷入思维停滞，很难在第一时间给出反应。面对一问三不知，怎么说都只会瞪大眼睛看着你的孩子，父母心急如焚，难以保持镇定也是很正常的。

但是，面对敏感型孩子的时候，不管出了什么问题，如果父母只是质问、审问孩子，不仅得不到答案，反而会起到反作用。

张先生热情开朗，为人大方，从小到大就没有人说张先生不好的。如今张先生年近三十，第一次感到自己也有处理不好的关系。如果是其他人，也就算了，大不了少一个朋友，但这个人偏偏是自己的女儿丫丫。

丫丫显然是继承了张先生的性格，性格开朗、爱笑。但是，随着丫丫的长大，说的话却越来越少，这让张先生非常郁闷。张先生一度以为女儿遇到了什么挫折，患上了自闭症。最终，还是幼儿园老师找到了问题的根源。

丫丫上幼儿园的时候已经5岁了，之前一直由奶奶照顾。张先生的妹妹生了孩子后，张先生就让奶奶去照顾外孙，把丫丫送进了幼儿园。因为丫丫不太爱说话，张先生担心女儿在幼儿园里吃不饱，被小朋友欺负，上厕所不敢跟老师说，担心女儿跟老师说不清自己的想法，在幼儿园里就不会好过。

丫丫上幼儿园的第一天，张先生一下班就急匆匆地去接丫丫。当时老师正站在门口，一个个小朋友被父母接走了。

张先生想打听一下丫丫在幼儿园的情况，和老师搭讪道："老师，真不好意思，我来晚了。"老师笑着说："不晚，你看，许多父母都是这个时候来接孩子。"张先生又说："我家丫丫跟别的孩子不太一样，从小话就少，有什么事情可能不好意思跟你说。麻烦你多照看一下，多费费心。"

老师听了张先生的话，愣了一下，随后对张先生说："您多心了。您女儿很聪明，话说得也很流利，上课时喜欢积极回答问题。很多孩子都不如丫丫大方。"

张先生听了老师的话，喜出望外，但转念一想，难道丫丫只是不喜欢在家里说话，不喜欢跟自己说话？他蹲下来，抓着丫丫的肩膀说："既然你喜欢说话，为什么在家不跟爸爸说话呢？"

面对张先生，丫丫又变成了那个安静的小姑娘，愣愣地看着张先生，嘴巴动了动，还是什么也没说。张先生的急性子发作了。他抓着丫丫的肩膀轻轻地摇了摇，声音也拔高了一度，责问道："爸爸问你话呢，你怎么不回答？"

丫丫还是不说话，转头望着老师，眼里开始有泪水涌出。张先生急了，用力摇了丫丫几下，再次拔高声音说："你这孩子，能不能跟爸爸说话！"

没想到，丫丫居然挣脱了张先生的手，扑到老师怀里哭了起来。老师赶紧对张先生说："这位父亲，你不能这样跟孩子说话！"老师说完，就蹲下来，温柔地对丫丫说："丫丫，听你爸爸说，在家里你都不怎么跟爸爸说话。是不喜欢爸爸吗？"

丫丫摇摇头。

老师又温柔地问："爸爸在家打你吗？"

张先生一听老师这样问，正要辩解，老师伸手制止了张先生，只听丫丫说："不打……"

老师把手放在丫丫的头上轻轻地抚摸了一下，看着丫丫的眼睛说："那你为什么不喜欢跟爸爸说话呢？"

丫丫偎倚在老师的怀里，转过半边脸看着张先生说："爸爸凶……一和爸爸说话，爸爸就凶丫丫……"

张先生这才明白，孩子不喜欢和自己说话，是因为自己的急性子。张先生问丫丫话的时候，可能丫丫还没整理好语言，没想好要说什么，他就开始质问丫丫为什么不回答，为什么不说话。几次以后，丫丫宁愿不说话，也不想理睬张先生。

敏感型孩子总是那样的与众不同，他们的心事比同龄孩子多，也比大人想象得多。当父母提出问题，索要答案时，敏感型孩子那复杂的思想与还不成熟的语言就会发生冲突。孩子心里想的事情说不出来，焦急的父母自然就会从原来的询问，变成质问，甚至是审问。

人的感情是复杂的，喜怒忧思悲恐惊远远不能把所有情感都囊括进去。当父母开始质问、审问孩子的时候，往往是焦急大于愤怒。但是，对于孩子来说，这两种表现极为相近的情感是他们所不能分辨的。在他们眼中，父母是愤怒的，是危险的。于是，孩子原本就难以说出口的话，就更加说不出来了。

大家可能都有过这样的经历。在你整理了思绪，有满腹的话要说的时候，却因为对方差劲儿的态度，突然什么都不想说了。如果对方的态度再差一点儿，你原本要说的好话，可能就变成坏话说出口了。

对于早熟的敏感型孩子来说，这种情况更为容易出现。特别是到了叛逆期的时候，原本能好好说的话可能就变成了夹枪带棒，原本能好好做的事会因为父母的态度而不去做，甚至背道而驰。因此，父母在与敏感型孩子沟通时，一定要有足够的耐心，用循循善诱代替质问、审问。只有这样，才能保证双方的顺利沟通，从孩子那里听到真话和心里话。

第6章　将敏感变成优点

——读懂敏感的特别之处，让孩子变得与众不同

事物都存有两面性，关键看站在哪个角度去看待问题。当我们用欣赏的目光去看待孩子的敏感特质时，就会发现敏感型也是一种优点。所以，不必为孩子的敏感型而烦恼，试着深入解读孩子的高度敏感，你就会发现孩子的与众不同。

不必改变性格，敏感型孩子一样很优秀

性格是人们的明信片，因为每个人的性格或多或少都存在一些差异。尤其是普通孩子和敏感型孩子的性格，差异更为明显。那么，敏感型孩子具有哪些典型的性格特征呢？

敏感型孩子很在意别人的看法，会不由自主地去分析他人的言行。由于他们总是悲观地看待问题，所以总误会他人。比如普通孩子在听到"你吃得真多"时，不以为然，甚至为自己的食量而洋洋得意，但敏感型孩子听到这句话时，会认为别人在嘲讽他。所以，敏感型孩子是敏感多疑的。

敏感型孩子因为内心敏感，很容易受到外界环境的影响，且情绪波动较大，他们往往会为了一丁点儿大的小事而悲春伤秋。如果不去引导或开解他们，他们会一直耿耿于怀。可见，敏感型孩子总是多愁善感的。

如果你仔细观察就会发现，敏感型孩子都喜欢安静，他们不会主动地往人群中挤。他们一遇到嘈杂的环境或是进入人多的环境时，就会焦躁不安。如非必要，他们更喜欢独处。所以绝大多数敏感型孩子的性格都很文静。

敏感型孩子是自律的。他们对环境的变化非常敏感，喜欢有规律的生活，不会轻易地做出改变。比如，敏感型孩子早上不用父母叫醒，能够在规定的时间起床；老师布置的作业，父母交代的任务，他们都能主动完成。

敏感型孩子天生内向、胆小。比如，他们不喜欢主动与人交际，在

137

碰到困难的时候，还没有尝试，就选择了退缩。此外，敏感型孩子还容易害羞。

敏感型孩子的典型性格有很多，其中有很多性格是不被父母认同的。不少父母认为这些性格不好，会成为阻碍孩子成长的拦路石。但是，事实真是如此吗？

有这样一则故事：

很久以前，一个小村庄里住着一对母子。儿子小牛的性格极其内向，不喜欢交际，每天只顾埋头干活。渐渐地，小牛长大了，到了谈婚论嫁的年龄。但是，村里的姑娘们都看不上他，觉得他是一个怪人。

母亲见小牛的年龄越来越大，不禁忧愁起来。一天晚上，她做了一梦，梦到了一位老神仙。老神仙说要满足她一个愿望。母亲许愿，希望儿子能变得能说会道。第二天早上，她果然看到儿子小牛热情地与人攀谈。但是，她很快发现，儿子与人交谈时热情过了头，不管自己是否精通，都会乱说一通，并且不懂得拿捏分寸。当别人脸上的不耐烦已经表露无遗时，小牛也停不下来。村里的姑娘们又觉得小牛很不稳重，依然看不上他。

后来，邻村的一位姑娘找到了小牛母亲。她听说小牛很能干，为人老实，话不多，觉得很适合过日子。结果姑娘与小牛交往了一段时间发现他名不副实，最终也没看上他。就这样，小牛成了老光棍。

在生活中，像开朗、文静、热情、稳重等这样的性格，很招人喜欢。而且拥有这种性格的孩子，乖巧懂事，不让人费心，同时也洋溢着对生活的向往与热情，给人一种积极向上的感觉。所以绝大多数父母认为，积极向上是一种好的性格。

事实上，性格没有好坏之分，但是人们的行为往往有好坏之分。于是，人们便笼统地认为性格也有好坏之别。其实，我们喜欢的不是孩子的性格，而是在性格影响下孩子所表现出来的行为。就像人们认为，热情开朗、善于交际是一种好的性格，但是当热情开朗过了头，当乐于交际而不懂得把握分寸时，便成了坏的性格。所以，关键在于人们如何发挥性格的优势。

任何事物都有两面性，关键在于我们站在何种角度去看。当我们用欣赏的目光去看待敏感型孩子时，就会发现他们具有以下几种优点。

1. 敏感型孩子更关注细节

敏感型孩子或多或少都有点儿追求完美的心理，他们很在意别人的看法。敏感型孩子在为人处世方面，更关注细节，力求将事情做到最好。当父母将孩子的这个优点放大时，会让孩子在成长的过程中获得更多的机会和机遇。不过，父母也需要注意以下几个方面。比如，父母要引导孩子不要过度地追求完美，因为这个世界上并没有十全十美，太过追求完美反倒会让孩子身心受创。又比如，父母要教会孩子不拘小节，因为有时候不拘小节，才能成就大事。

2. 敏感型孩子拥有丰富的同理心

敏感型孩子喜欢独处，抗拒交际，但这不能说他们不擅长交际。相反，当他们主动交际时，往往能在最短的时间内令对方交心。这是因为敏感型孩子拥有丰富的同理心，能够站在对方的角度看待问题，他们的言行处处充满了体贴和关心，能够轻而易举地令他人卸下心防。所以，父母只要对敏感型孩子加以社交方面的引导和培养，其必定会成为交际高手。

3. 敏感型孩子的内心十分细腻

敏感型孩子的内心是细腻的，不管做什么事，都十分认真细心。他们善于捕捉生活中的细节，每一件事情都能做到有条不紊。他们往往会使自己的生活过得很舒适。

4. 敏感型孩子具有强烈的责任心

敏感型孩子十分在意别人的看法。孩子对事情有多在意，他承受的心理压力就有多大。而这种心理压力其实就是责任心的表现。敏感型孩子对自己负责，也对他人负责，而责任心正是成功必不可少的条件。

5. 敏感型孩子善于思考，看待问题更深刻

人们在独处的时候，思维是最清晰的，也最适合思考问题。敏感型孩子喜欢独处，这使得他们善于思考。敏感型孩子善于捕捉细节，看待问题更全面、更深刻，所以他们相较于普通孩子在成长中会少走很多的弯路。

性格没有好坏之分，所以我们不必改变敏感型孩子的性格，只需对他们进行正确的引导，他们就会变得十分优秀。

给予足够肯定，
让敏感型孩子感受到自我价值

一位心理学家针对孩子做了一个问卷调查。他要求孩子们列出自己的优点和缺点。结果孩子们交上的答卷呈现出了两个极端，一部分孩子尽可能多地列出自己的优点，鲜少列出缺点；另一部分孩子列出了自己大量的缺点，鲜少列出优点。心理学家研究发现，列出自己大量缺点的几乎都是敏感型孩子。

敏感型孩子为什么不能感受到自我价值呢？这是因为他们缺乏自信。那么，是什么原因导致敏感型孩子缺乏自信呢？

首先，这和敏感型孩子追求完美的心理有关，因为敏感型孩子十分在意别人的看法，总想把事情做到足够好。但是，任何事都无法做到尽善尽美。当孩子理想中的结果与现实相差过大时，就会心灵受挫。孩子受挫的次数多了，就会质疑自己是不是真的很差劲，渐渐地，就会逐渐丧失自信。

其次，和孩子生活的环境相关。在孩子成长的过程中，会遇到很多人，比如老师、同学、朋友等，这意味着他们将会面临他人的评价。敏感型孩子的内心是敏感多疑的。他们一旦听到自己的负面评价就会耿耿于怀，并产生自我质疑，这会消磨孩子的自信心。

当父母不尊重孩子时，也会让孩子丧失自信心。比如有些父母在孩子犯错时，会不留情面严厉地指责、批评孩子；在孩子不听话时，会用暴力去解决问题；在孩子面临选择时，会不询问孩子的想法，擅自帮孩子做决定。这些都是不尊重孩子的表现，会让孩子感觉自己人微言轻。久而久之，孩子会因此产生自卑感，内心缺乏安全感，导致孩子的自信心一点点地消失。

敏感型孩子接受的消极信息多了，也会渐渐变得没有自信。比如父母总是在孩子面前抱怨家里很穷，孩子就会产生自卑心理，变得缺乏自信；比如孩子身边的同学、朋友总向他传达一些消极的话语，孩子就会被负面情绪所笼罩，自信心也会受到影响。

每一个优秀的孩子脸上都洋溢着满满的自信。父母想让敏感型孩子变优秀，就必须培养他们的自信心。

陈女士的女儿豆豆今年7岁了，是一个内心极度敏感的女孩。不管做什么，她总是将"我不行""我做不好"这样消极的话挂在嘴边。豆豆不自信是受了环境的影响。

豆豆3岁时，陈女士和丈夫去大城市工作。豆豆跟着爷爷奶奶。陈女士和丈夫离家时，豆豆哭得伤心极了。尽管陈女士多次向豆豆解释，等他们赚了钱，会给她买好吃的食物和好玩的玩具，但豆豆固执地认为爸爸妈妈不要她了。

豆豆跟着爷爷奶奶一起生活，虽然能吃饱穿暖，但是穿得很邋遢。每次她和小朋友一起玩时，他们都会叫她脏孩子，这让豆豆很伤心。等豆豆稍微长大一点儿后，爷爷奶奶就让她帮忙做一些家务。每次豆豆做不好时，爷爷奶奶就会批评她："你真笨。""一点儿小事都做不好。"或许爷爷奶奶是不经意间说的，但是十分敏感的豆豆却牢牢地记在心里。爷爷奶奶的指责一点点地消磨掉了豆豆的自信，让她对自己丧失了信心。

上一年级时，陈女士将豆豆接到了身边，并且发现了她高度敏感的性格特征。为了帮助豆豆建立自信，陈女士特别注重给予豆豆充分的肯定和恰到好处的表扬。

比如豆豆很喜欢珠心算，也很有天赋。她很想参加学校举办的珠心算比赛，但又担心比不过别人，被人笑话。陈女士便对豆豆的珠心算能力表示了极大的肯定，帮她树立比赛的信心，同时告诉她参与第一，比赛第二，主要是锻炼自己的能力，寻找自己和小伙伴的差距以及自己的不足，方便自己以后提高珠心算能力。为了让豆豆对自己的能力充满信心，陈女士让豆豆做了往年珠心算竞赛的题目。当豆豆发现自己几乎轻轻松松地就做对了所有竞赛题后，也认同了妈妈对自己的肯定，对比赛充满了信心。

敏度感豆豆抗拒社交，因为她认为自己的社交能力不好。读小学后，她很想和同桌成为无话不谈的好朋友，但又害怕同桌不喜欢她。当豆豆将她的烦恼告诉陈女士后，陈女士便对她的社交能力给予肯定。陈女士夸豆豆心思细腻，懂得体贴人，所以只要她足够真诚，一定能和同桌成为好朋友。后来，豆豆在妈妈的鼓励下主动交友，并与同桌成为最好的朋友。

陈女士通过给予豆豆足够的肯定，使豆豆渐渐地意识到她也是一个很优秀的小朋友，从而树立了自信心。

如果把敏感型孩子比作一棵小树苗，父母或他人的肯定就是养分，可以使他们健康苗壮地成长。相反，如果父母和他人无法给予孩子足够的肯定，孩子就如同树苗无法获得足够的养分，最终无法健康地成长。敏感型孩子需要被肯定，而父母作为孩子最亲近的人，更要鼓励他们，肯定他们的成绩。

其实，不只是敏感型孩子，普通孩子和成年人在无法获得他人的肯定时，也会变得抑郁、沮丧，而获得他人的肯定后，又会瞬间充满了自信，感到动力十足。所以，在敏感型孩子的成长过程中，父母要多给予孩子肯定，让他们找到自信。那么，父母具体怎样做才是对孩子的肯定呢?

1. 对孩子少一点指责和批评

孩子犯错了，父母有责任引导孩子改正错误，但是不能一味地指责和批评，因为这很容易磨灭孩子脆弱的自信心。父母需要明白，让孩子知道错在哪里，总结错误所带来的经验教训，这远比改正错误更加重要。父母应该多给予孩子肯定，对孩子少一点指责和批评。

2. 用欣赏的目光去看待孩子

很多时候，父母总觉得孩子不够优秀，是因为对孩子有很高的要求，是在用挑剔的目光看待孩子。然而，孩子因为年龄小、经历少、各方面能力薄弱等，他们表现不好也在情理之中。如果父母能够站在与孩子同等的高度去看待他们，就会发现，他们的表现真的很棒。当父母学会用欣赏的目光去看待孩子时，就能够给予孩子足够多的肯定。

3. 不要过度地肯定孩子

父母通过肯定孩子的行为，可以培养孩子的自信心，但是需要把握好尺度，否则会使孩子的自信心过度膨胀，最终演变成自负。所以，父母对于孩子的肯定，既要基于事实，又要把握好频率。只有这样，才能够让孩子充满自信，并且正确地看待自己。

善待孩子的"敏感力"，
鼓励孩子去发现问题

有一部关于敏感型孩子的纪录片：

小男孩肖恩是一个高度敏感的孩子，他很在意父母。当父母的言行让他感到不快乐时，他不会用言语告诉父母他的不快，而是用行动去表达。

一天早上，肖恩的父母像平常一样用过早餐后，准备去工作，肖恩则由保姆照顾。妈妈看到肖恩恋恋不舍的目光，就笑着打趣要给肖恩生一个弟弟陪伴他。在他人看来，妈妈的这句话是玩笑话，但肖恩却当了真。他关注的不是弟弟陪伴他玩耍，而是怀疑父母是不是不爱他了？他怀疑弟弟的到来会抢走他的东西。

肖恩在接下来的几天里一直闷闷不乐。为了表达对弟弟的抗拒，他将自己的玩具全都收了起来，锁进了自己的小柜子。当妈妈带他找隔壁邻居家的小弟弟玩耍时，他死活不愿意去，并表示以后再也不会和邻居家的小弟弟玩耍了。更重要的是，他比以往更黏着父母，甚至会为父母的离开而大哭大闹。

肖恩的种种反常行为终于引起了父母的注意，但是他们怎么也想不出让肖恩性格大变的原因。

在现实生活中，对于孩子的高度敏感，不少父母都感到头疼不已，因为这既伤害了孩子，也折腾了父母。敏感型孩子会因为一丁点儿大的小事或是他人不经意的言行而变得消沉，甚至因此耿耿于怀。长久以往，必然会影响孩子身心的健康发展。当父母发现孩子的情绪或言行产生变化时，往往一边要引导孩子释怀，一边还要寻找造成孩子变化的原因。一番折腾下来，父母变得身心疲惫。

那么，高度敏感给孩子带来的全是痛苦吗？并非如此。著名心理学家伊尔斯·桑德在作品《敏感型是一种天赋》中指出，敏感型是一种与生俱来的天赋。

敏感型人往往具备很强的感知能力。他们善于发现事物细微的变化，并根据这些变化做出分析和判断，提前做好准备。敏感型人收集各种信息的能力很强，考虑问题会更全面；敏感型人有着强烈的同理心，他们能轻松做到与他人感同身受，这有助于与他人建立更深层次的关系；敏感型人极具创造性和想象力，他们对文字、色彩有着非凡的天赋，往往能够取得很大的成就；等等。高度敏感的孩子虽然还小，但是已经拥有这些与生俱来的天赋。

我们不必为孩子的敏感型感到烦恼，相反，我们应当引导他们用敏感型这种天赋去发现和解决问题。

许女士的儿子浩浩是一个敏感型小男孩。他总是像林妹妹一样为一些细小的事情而多愁善感。对此，许女士没有感到疲惫或无奈，而是温柔而耐心地引导他去发现问题，不要只将注意力停留在表面。当浩浩学会自主地去发现问题后，敏感型就成了他的优点。

那么许女士是怎么引导浩浩发挥敏感型优势的呢？比如，浩浩和晓刚同桌三年了，他很喜欢和晓刚一起学习和做游戏。不久前，老师将他的同桌晓刚调走了。浩浩非常难过，主动问老师调换座位的原因。老师告诉他，晓刚主动提出了要调换座位。浩浩不敢去问同桌晓刚，固执地认为是他不喜欢自己才申请调走的。浩浩因此十分沮丧，整个人变得异常消极沉默。许女士发现浩浩的异样后，引导浩浩去发现他忽略的问题。

因为许女士见过浩浩的同桌，那是一个个头很矮的小男孩，每次看人的时候都会眯着眼睛看人。在许女士的引导下，浩浩发现自己现在的座位靠后，前排的学生个子比较高，挡住了同桌晓刚的视线。而且，他发现晓刚的视力下降了很多，总是眯着眼睛看黑板。由于这些原因，晓刚只好选择了调换座位。

在许女士的耐心引导下，浩浩学会了发现问题，从更深的层次去分析问题。渐渐地，他的内心也不再过度敏感了。

孩子的敏感型性格就像一把双刃剑，可以给孩子造成伤害，也可以成为孩子成长的助力，关键是怎么运用它。比如孩子把敏感力用在学习中，孩子的学习成绩就会突飞猛进。因为孩子学习的知识点是不变的，变化的是题型，只要孩子运用超凡的敏感力，就能发现问题所在。如果孩子把敏感力用在生活中，就会发现生活是那么有趣，那么神秘。

孩子因为年龄小，不懂得去发挥敏感力的优势，父母就要注意引导孩子发挥这种与生俱来的天赋。父母需要注意以下几点。

1. 引导敏感型孩子接纳自己的敏感力

每一种能力，只有接纳它，才能发挥出优势。当父母在孩子面前表现出对其敏感力的反感时，孩子会本能地认为敏感是不好的，继而抗拒它的存在，又如何发挥敏感的优势呢？所以，父母在面对敏感型孩子时，要先做到善待他们的敏感力，如此才能引导孩子接纳自己的敏感力。

2. 不要直接告诉孩子问题所在，应该鼓励孩子主动去发现问题

俗话说："授人以鱼，不如授人以渔。"不少父母面对陷入困境的敏感型孩子，会直接帮孩子解决问题，但是，这会导致孩子在遇到相同的困境时依然不知所措。其实，孩子需要的不是父母直接告诉他问题所在，也不是帮他解决问题，而是教会他自己去发现和解决问题的方法和技巧。所以，在日常生活中，父母要给予孩子提示，鼓励并引导他们去发现问题。当敏感型孩子能够学会利用超凡的敏感力时，他将会获得不一样的人生，体验到更多的快乐。

陪内向的敏感型孩子，
在外向的世界里走自己的路

人的性格可以分为内向型和外向型，外向型性格和内向型性格是两种截然不同的性格，而绝大多数敏感型孩子的性格都偏向于内向型。

敏感型孩子为什么会性格内向呢？

一般来说，性格的形成有两大因素，一是先天因素，二是后天因素。先天因素是指基因遗传，孩子自出生起就携带这种性格。比如我们常看到的一些自闭症儿童，他们的性格从出生时就形成了。敏感型孩子的内向性格，也会受到先天因素的影响，只不过先天因素占比不重。

可以说，后天因素是孩子性格形成的主要原因，具体是指孩子生活的环境。孩子在什么样的环境中成长，就会形成什么样的性格。比如孩子生活在一个充满暴力的环境中，那么孩子的性格中必然会有暴躁易怒的一面。敏感型孩子的内向性格，也受到了家庭和社会环境的影响。

内向型性格和外向型性格具有哪些典型的特点呢？内向型性格的特点有：喜欢安静的环境，时常自省；不喜欢与人接触，喜欢独处；做事前会深思熟虑，不会冲动行事；日常生活有规律；对事物总抱有悲观的想法；情绪起伏剧烈，绝大多数时间处在焦虑、紧张、抑郁等消极的情绪中等。而外向型性格的特点有：热情、活泼、乐观开朗、善于交际、适应能力强、做事冲动等。

较之于内向型性格，绝大多数父母更倾向于外向型性格，这是因为父母仅从表象去看，而没有从更深的层次去看这两种性格。

从表象上来看，外向的孩子总是将微笑挂在嘴边，内向的孩子总是板着一张脸；外向的孩子待人热情，内向的孩子待人冷淡；外向的孩子面对困难时积极乐观，内向的孩子面对困难时消极悲观。正是因为这些表象，人们才认为外向性格比内向性格好。

其实，从更深的层次去看这两种性格，我们就会发现内向性格也很优秀。从感知上来说，内向型孩子敏感细腻；从想象力上来说，内向型孩子的想象更具有深度；从思维上来说，内向型孩子更为严谨，更具有方向性；等等。

可见，性格没有好坏之分，因为每种性格具有长处和短处。对于内向的敏感型孩子，我们只需要陪伴他们在外向的世界里走好自己的路即可。

李女士的女儿敏敏是一个性格内向的敏感型女孩。她自小文静，乖巧懂事。在学习上，她从不让父母操心，主动地全身心投入到学习中；在生活上，她能够将自己的事情安排得有条不紊。

可以说，敏敏就是人们羡慕的别人家的孩子，李女士也一直引以为豪。所以即便敏敏的性格内向而敏感，她也没有觉得有什么不好。直到发生了一件事，让李女士意识到需要将敏敏引领到外向的世界中。

有一年，李女士和丈夫张先生带敏敏出去旅行。因为景点的人实在太多了，他们不小心走散了。李女士和张先生都有手机，两人很快就找到了对方，然后一起去找没带手机的敏敏。

李女士起初并不担心，因为敏敏有很高的警惕心、强烈的安全防范意识。但是随着时间的推移，她不禁焦急起来。张先生安慰她不要担心。他说敏敏很聪明，一会儿一定会借用别人的手机给他们打电话，或是找景区内的工作人员帮忙。因为他曾和敏敏演练在景区走丢后的情景，在演练过程中敏敏做得很棒。

但是一个多小时过去了，敏敏依然没有联系李女士和张先生。李女士十分担心，找到景区的广播站，并向工作人员说明了敏敏走失的情况。工作人员一边向景区游客播报寻找敏敏的信息，一边查看景区内的监控。他们在监控中发现，敏敏走失后安静地坐在一处长椅上，其间有好几个游客询问她是否需要帮助，但都被她摇头拒绝了。

后来，在工作人员的帮助下，李女士和张先生找到了敏敏。这件事让李女士下定了决心，要培养敏敏外向型性格中那些好的特点。

当孩子与父母走散时，特别是年龄大点儿的孩子会通过与人交际，主动寻求他人的帮助，能够轻松地找到父母。在这个例子中，敏敏迟迟不能找到父母，是因为她抗拒与人交际，抗拒寻求他人的帮助。所以，内向的敏感型孩子需要学习外向型性格中的优点。

性格的养成和改变不是一蹴而就的，不管是获得一种新性格，还是改变一种性格，都是一场持久战。那么，父母如何引导内向的敏感型孩子在外向的世界行走呢？

1. 不要强迫孩子改变内向性格

性格决定了一个人为人处世的方式。要改变一个人的性格，首先要改变他为人处世的方式。但是，一个人为人处世的方式早已成了习惯，强迫其做出改变，反而适得其反。如果强迫孩子改变内向性格，不仅会加重孩子的内向，还会使他们产生逆反心理。所以，父母不必改变敏感型孩子的内向性格，只需要引导他们学习外向性格中的优点即可。

2. 给孩子创造锻炼外向性格的机会

性格的形成与所处环境有关。比如，外向孩子所处的环境氛围必然是轻松的，充满了欢声笑语。父母要给孩子塑造一个外向的环境，以此来培养他们的外向性格。在生活中，父母要给孩子创造尽可能多的锻炼机会。比如，父母希望内向型孩子变得善于交际，那么可以带孩子去交朋友，送孩子去参加集体活动，等等。

3. 针对孩子的性格取长补短

父母需要了解敏感型孩子内向性格中的特点，学习他人的优点，弥补其缺点。比如性格内向的孩子对事物总抱有悲观的想法，父母可以引导他们积极乐观地去看待事物，平时多带孩子去领略大自然的风光，发现生活中的美好，探索人生的乐趣等。通过对事物的全面认识和潜移默化地影响，孩子的性格就会一点点地得到优化和完善。

将敏感型孩子爱较真，转换成认真

曾经在朋友圈里看到一条有趣的视频：

年轻妈妈给孩子讲小红帽的故事。妈妈声情并茂地说："妈妈让小红帽去看望住在森林里的外婆。"

这时，孩子打断了妈妈，皱着眉头问："小红帽的外婆为什么会住在森林里？小红帽的妈妈是不是不喜欢小红帽？为什么让她一个人去危险的森林？"

妈妈回答："外婆喜欢住在森林里。"可是孩子对妈妈的回答并不满意。妈妈赶忙接着讲故事："大灰狼一口吞掉了外婆，它躺在床上学着外婆的声音回答小红帽……"这时，孩子又打断了她。孩子说："大灰狼是动物，动物怎么会说人话呢？我在动物园里见过大灰狼，它根本不能一口吞下外婆。"

妈妈不知道该怎么回答孩子的问题，只能硬着头皮继续往下讲："猎人用剪刀剪开了大灰狼的肚皮，救出了小红帽和外婆，并把石头放进大灰狼的肚子里缝了起来。"孩子听到这里，又不解地问道："猎人用剪刀剪开大灰狼的肚皮时，大灰狼不疼吗？它不可能继续睡觉的。""把石头放到大灰狼的肚子里，大灰狼肯定会死，它怎么还会醒过来呢？"

这篇童话故事很短，但孩子在听故事的过程中提出了自己的很多看法。

他的提问很精准，并且是基于事实的，但在父母看来却是在较真。童话是儿童文学的一种体裁，它的特点就是夸张且具有丰富的想象力。如果我们对它较真，那么这种文学题材就没有存在的必要了，也不能达到启迪孩子的作用。

在生活中，爱较真的孩子有很多。那么"较真"是褒义词还是贬义词呢？这是一个双性词汇。当"较真"作为褒义词时，它指做事认真，实事求是；当"较真"作为贬义词时，它指行事斤斤计较，不懂得变通。相较于普通孩子，敏感型孩子往往更较真。那么，敏感型孩子为什么会较真呢？

敏感型孩子的情感细腻，善于观察细节。就拿童话故事来说，普通孩子的注意力往往会放在故事情节上，会对故事情节产生疑问；但敏感型孩子却将注意力放在了细节上，对细节产生疑惑。当敏感型孩子发现细节脱离了现实，且自己又无法理解时，就会不停地问个究竟。这在人们看来就是较真。

敏感型孩子极具目标性，一旦认准了一件事，就会坚持到底。哪怕事情做到一半时，已经可以预见不好的结果，他们也不会放弃，典型的不到黄河心不死。而这正是较真的表现。

敏感型孩子有完美主义情结。他们想把每一件事做到最好，以求得到他人的夸奖，因此会较真地去对待任何事。

父母在教育孩子时，要让孩子明白，做事可以较真，但要懂得变通，万万不可一条道走到黑，而是要将爱较真转化成认真的做事态度。

南南和同学打架了，老师请南南的奶奶去一趟学校。南南向来乖巧懂事，怎么会和同学打架？南南奶奶对此事怎么也想不通。当她走进老师的办公室时，就听到南南倔强地说："我没有错，我不道歉。"

原来南南自小跟爷爷奶奶长大，父母去外地打工，已经好几年没有回来了。这一天，同学想借南南的作业看一下，南南拒绝了。同学对此很不高兴，就嘲笑南南是被父母抛弃的孩子。南南听后生气极了，爸爸妈妈并没有不要他，他们打算明年将他转学到城市上学。南南气不过，就推搡了同学一下，最后两人打成了一团。

老师在了解事情的缘由后，就说两个人都有错，南南的同学不该说伤人的话，南南不该先动手打人。同学十分爽快地认了错，并对南南说了声对不起。可是南南却拒绝认错，还一直倔强地说自己并没有错。于是，老师只好叫来了南南奶奶。

南南奶奶弄清楚事情的经过后，她也认同老师的处理。在整个事件中，南南虽然不是有错在先，但如果他不是先动手推搡同学，也不会上升成打架。可是无论奶奶怎么劝说，南南都拒不认错。后来，老师让南南和同学回家写检讨书，谁写好了就可以来上学。虽然南南回到家后坚决不写检讨书，但是他也听从老师的话没有去学校。爷爷奶奶轮流上阵，劝说南楠认错，但南南始终不肯认错，更不去学校。

从上面的事例可以看出，南南很敏感，非常在意别人的言行。同时，他不懂得变通，对于自己认定的事，九头牛都拉不回。其实，这就是爱较真的表现。高度敏感的孩子爱较真通常与以下几个原因有关：首先是孩子的生理原因。孩子年龄小，神经系统未发育成熟，看待和处理问题的方式不够全面，难免会有一些偏激，甚至钻牛角尖。其次与孩子生活的环境相关。比如孩子生活在一个充满挑剔、较真的环境里，其性格也会受到潜移默化的影响，变得爱较真。最后也与孩子的认知能力有关。当孩子用已有的认知去理解那些未曾认知的事物时，就成了较真。

"较真"与"认真"虽然只有一字之差，但对孩子造成的影响差别很大。较真只会让孩子身心疲惫，而认真则会让孩子更优秀。我们要引导敏感型孩子将较真转换为认真。具体要做好以下几个方面。

1. 给予孩子尽可能多的包容

敏感型孩子十分在意别人对自己的看法，尤其是父母的看法。当父母对孩子有极高的要求时，孩子就会想方设法去达到这个目标，所以难免会有一些较真。这时他的注意力更多地放在结果，而非过程。如果父母能尽可能多包容孩子，就能促使孩子的较真转换为认真。当孩子在做事的时候更多地关注过程，认真地做事时，必将会收获一份满意的结果。

2. 帮助孩子树立正确的是非观

当孩子过于较真时，往往会行事偏激。譬如有的孩子为了在考试中获得一个好成绩，会去作弊。父母要教育孩子树立正确的是非观，令孩子的心中有一个清晰的底线：要告诉孩子哪些事是对的，哪些事是错的，哪些事能做，哪些事不能做。

3. 引导孩子全面地看待事物

当孩子用片面的眼光看待事物时，就会出现较真的情况。比如事例中的南南，他拒不认错，是因为站在了自己的角度看待问题，认为自己没有错。倘若孩子能够用全面的目光看待事物，就不会在一些无关紧要的问题上较真。因此，父母要引导孩子从多个角度去看待事物，去分析事物的复杂性。只有这样才能够让孩子正确地看待这个世界。

引导好胜心强的敏感型孩子
多看对手的优点

有一部黑暗题材的电影，讲述了一个小女孩的故事：

主人公艾玛是一个漂亮的小女孩。在旁人看来，艾玛品学兼优，是典型的别人家孩子。她很有礼貌，碰到谁都会微笑着打招呼；她乖巧懂事，从不让父亲、老师为她操心；她聪明努力，学校的每次考试都名列前茅。

这样的艾玛简直完美，受到了很多人的喜爱。每年，学校都会将荣誉奖章颁发给她，而她也很享受走上讲台领奖时那种万人瞩目的感觉。但是这一年，艾玛与荣誉奖章失之交臂了，学校将奖章颁发给了一位同样优秀的男同学。

艾玛表面上很平静，内心却非常愤怒。她认为，这枚荣誉奖章应该属于她。为了拿回奖章，她以看奖章为由，将那位同学约到了悬崖边上。当对方将奖章递给她看时，她猛地将对方推下了悬崖。此后，她还假装悲伤，参加了同学的葬礼。那枚被她夺来的奖章被她放在了自己的奖章展示柜里。

艾玛就是一个典型的敏感型女孩。她有着强烈地追求完美的心理，非常在意别人的看法，会为了获得别人的称赞而伪装自己。同时，她也有着极强的近似病态的好胜心，并且在好胜心的驱使下作出了一系列的极端行为。

在现实中，每个孩子都会有好胜心，而敏感型孩子的好胜心更重。那么孩子的好胜心是怎么产生的呢？原因有很多。比如父母有着强烈的胜负欲，那么孩子也会沾染强烈的好胜心。孩子处在竞争激励的社会环境中，不可避免地也会产生强烈的胜负欲；孩子想要获得他人的称赞，满足自我虚荣心，也会加重好胜心的膨胀。

好胜心是孩子前进的动力，但是过于争强好胜，就会给孩子带来诸多伤害。因为没有人会一直待在金字塔的顶端，总有被挤下塔顶的时候。当孩子总是面临失败时，就会逐渐丧失自信，同时也会让孩子的身心一直处于疲惫状态，这是不利于孩子的健康成长。

阿兰是一个很喜欢跳舞的女孩。虽然她才9岁，但是已经学舞蹈5年了。在舞蹈方面，她很有天赋，也很自觉，从来不需要父母和老师的督促。但是这几天，她再也不愿意去上舞蹈课了。阿兰妈妈问了好久才弄明白她不想学舞蹈的原因。

原来舞蹈班有一个参加少儿舞蹈大赛的名额，阿兰对这个名额势在必得。她认为自己的舞跳得最好，但是老师将名额给了另一个孩子。对此，阿兰很不服气："我学舞蹈的时间比她长，天赋也比她好，老师凭什么认为她的舞蹈跳得比我好？"

面对阿兰强烈的好胜心，妈妈引导她将目光放在对手的优点方面。妈妈告诉阿兰，老师既然选择了别人，那就说明别人肯定有她不具备的优点。妈妈带着阿兰去了舞蹈学校，让阿兰仔细观察别人的舞蹈，以便发现并且学习别人的优点。

阿兰发现，那位获得比赛名额的同学很有毅力。同一个动作，阿兰认为对方已经练习得很好了，但是对方仍然在反复地练习，挑战自己的极限。这位同学十分刻苦，在别人休息的时候，她还在加紧练习。阿兰觉得，她在学习舞蹈方面付出的努力真的和这位同学有一定的距离。她需要向对方学习。

不难看出，阿兰具有强烈的好胜心。当她将目光从关注输赢转移到关注对手的优点后，不仅淡化了胜负欲，还使她开始学习对手的优点。

强烈的好胜心是敏感型孩子的优点。父母要引导孩子不要总是将目光放在输赢之上，应该多看看对手的优点。这能够使孩子找到自己弱点和缺点，从而不断完善自己，使自己变得更加优秀。此时，孩子的好胜心将不再是缺点，而是优点。

对于好胜心强的敏感型孩子，父母要引导他们将目光聚焦在对手的优点上。具体要做好以下两个方面。

1. 让孩子多观察对手

一个人的优缺点往往体现在言行中。只要仔细观察一个人的言行，就能够发现他的优缺点。父母可以教导孩子在遇到对手时多观察对手。敏感型孩子本就具有极强的观察力，更容易敏锐地捕捉到细节，因此他们能够快速地发现对手的优点所在。当孩子发现对手确实比自己优秀时，就不会再为自己无法胜出而苦恼。

2. 引导孩子放宽眼界

好胜心强的人通常自信心也很强，并坚信自己能够胜出。可事实上，这个世界上比我们强的人太多了。比如，你的成绩在班级名列前茅，但在全校排名中也许就不再是第一了。所以，父母要引导孩子放宽眼界，明白"人外有人，天外有天"的道理。当孩子有了这种认知，就会将注意力从胜负的结果上转移到对手的优点上，从而努力提升自己，使自己变得更加出色。

敏感型孩子"社交商"都很高，就看你如何去启发

只要你在社会上生存，就有社交的需要，就必须具备一定的社交能力。但是，敏感型孩子却对社交表现得很抗拒。原因主要有以下几点。

敏感型孩子害怕被人拒绝。社交是一种双向行为，所以当我们向别人抛出代表友谊的橄榄枝时，别人并不一定会去接。普通孩子面对社交中的挫折，可能会越挫越勇，也可能会伤心难过几天就释怀了，但是敏感型孩子会对此耿耿于怀。正因为敏感型孩子害怕被别人拒绝，才会抗拒社交。

敏感型孩子由于敏感多疑，防备心理过重，往往不容易相信他人。在普通人看来并没有深意的言行，他们却能解读出许多含义。敏感型孩子或多或少都会带有悲观主义色彩，总是将别人的言行往不好的方向想，所以常常抗拒社交。

性格决定了一个人为人处世的方式。绝大多数敏感型孩子的性格偏内向，他们喜欢安静、独处，不愿意去社交。当然，有不少敏感型孩子内心都是孤傲的，他们对朋友的要求很苛刻，与其不能交到满意的朋友，便不如不交。

种种原因都致使敏感型孩子抗拒社交。然而，敏感型孩子抗拒社交并不代表他们的社交能力不行，相反，敏感型孩子的"社交商"都很高。只要父母启发得好，敏感型孩子也能成为社交小达人。

团子是个内心敏感的小男孩，刚上小学一年级。团子妈妈接团子放学时，她看到其他小朋友都是成群结队有说有笑的，只有团子形单影只地埋头走着。她问团子有没有交朋友，团子摇头说没有。这让团子妈妈很无奈，因为开学已经好几个月了，她的孩子依然是独行侠。

团子妈妈问团子有没有喜欢并且想做好朋友的同学。团子说喜欢并且想做朋友的同学是小明。当妈妈追问团子为什么不和小明交往时，他说害怕小明不喜欢自己。为了让团子能够成功地交到朋友，妈妈启发团子说，只要用小明感兴趣的事物做话题，就能够轻松地拉近彼此的距离。

于是团子开始仔细地观察小明平时的言行。他发现小明是一个超级飞侠迷，因为对方的书包、文具、钥匙扣、包书皮等全是超级飞侠的图案，小明和同学聊天时也离不开与超级飞侠有关的话题。恰好团子也非常爱看这部动画片，并对里面的人物、情节一清二楚。当团子用超级飞侠作为话题时，小明的注意力立马落在了他的身上。当对方和他说话时，他总能给予对方回应，让对方感觉自己被认真对待。所以，不知不觉中两人就成了无话不谈的好朋友。

每一个敏感型孩子都是社交高手。因为敏感型孩子有着与生俱来的社交天赋。比如，敏感型孩子善于观察细节，他们能够快速地找出哪些话题可以聊，哪些话题不可以聊；敏感型孩子有着很强的共情能力，能够对他人的处境感同身受，对方在感到自己被尊重、被认真对待后，就会打开心门与之交往；敏感型孩子还有着极强的同理心，懂得站在他人的角度去思考和看待问题，令人感觉暖心。

因此，父母不必为敏感型孩子的社交而焦虑。只要他们愿意跨出社交的第一步，那么就没有他们交不到的朋友。父母在引导敏感型孩子进行社交，发挥他们的社交天赋方面要做好以下几个方面。

1. 教授孩子一些社交技巧

社交能力与技巧缺一不可，有能力而没有技巧，有时候只能做无用功，就好比捕鱼，光有捕鱼的力气，却没有捕鱼的技巧，最后也是很难有较大的收获。敏感型孩子虽然有社交的天赋，但是如果不懂得社交技巧，也会无功而返。所以，父母需要教授孩子一些社交技巧，这样孩子才能勇敢地跨出第一步，才能在社交方面无往而不利。

2. 多给孩子创造社交环境

环境可以改变一个人。当孩子处在社交环境中时，受到氛围影响就会主动去社交。比如给孩子办生日宴，邀请其他小朋友来做客，孩子面对一张张给他送上祝福的笑脸时，会不由自主地给予回应。所以，我们要尽可能多地给敏感型孩子创造社交环境和氛围，让他们将主动社交当作一种习惯，如此就能一劳永逸地解决他们害怕社交的问题。

3. 提升敏感型孩子的抗挫能力

在社交中，没有人能做到被每一个人喜爱，即便双方成了朋友，在交往中也会产生一些或大或小的矛盾。这些都是社交过程中可能会遇到的挫折。社交挫折往往会给敏感型孩子留下深刻的心理阴影，让其久久难以释怀，同时更加抗拒社交。为此，父母要提升敏感型孩子的抗挫能力，引导他们正确对待社交中的挫折，并且解决问题，使得社交能够顺利进行。

第7章　差等生VS优等生

——敏感型孩子能否学业有成，全在父母和孩子一念之间

　　每个孩子在学习中都会遇到各种问题，尤其敏感型孩子遇到的问题会更多。在处理敏感型孩子的学习问题时，一定要经过深思熟虑后再处理，因为稍有差池就会加重问题的严重性。敏感型孩子就像一块水晶，美丽而脆弱，需要父母用心呵护。而孩子是差等生还是优等生，也全在父母和孩子的一念之间。

敏感型孩子易对老师发生误会，
父母要做好调解员

在孩子的成长过程中，老师是除了父母以外，与孩子相处时间最长的人。父母忙碌了一天，很少有精力陪伴孩子，但老师的工作重心就是孩子，也必然会用充沛的精力去面对孩子。

孩子与老师相处久了，不可避免地会出现一些误会和矛盾，尤其是敏感的孩子。因为敏感型孩子内心脆弱而且敏感，往往会过度解读老师的一言一行。

比如敏感型孩子总会误认为老师处事不公平。一个班有几十名学生，每天会发生太多的事情。一般老师都会秉着公平公正的原则处理各种事情和矛盾，但是无法也没有精力去关注那些微不足道的小事。对于老师的这种处事方式，普通孩子往往会不以为然，欣然接受，但敏感型孩子却容易较真，即便是微不足道的小事，也会对其看得很重，甚至认为老师处事不公平，并因此产生误会。

又比如敏感型孩子总会曲解老师的话，总认为老师的某句话是在针对自己。老师面对许多学生，每天会说太多的话，其中很多话都是随意说的，因为没有人会去仔细斟酌所说的每一句话，那样太累。但是敏感型孩子往往会曲解老师的话，将老师随意而说的话理解为在针对自己，因此而对老师产生误会。

当"怀疑""偏见"的种子在敏感型孩子的心中生根发芽后，就很难根除。所以一旦敏感型孩子对老师产生误会，如果不及时消除误会，将会导致不好的后果，也会给孩子的成长带来种种弊端。

小艾是一个性格内向的女孩。她成长在单亲家庭中。因为父亲的缺失，使得她比同龄孩子敏感，也更渴望被爱。前两天期中考试，小艾的成绩下降了几个名次。老师约谈了好几个成绩下降的同学，却没有约谈她。这让小艾忍不住胡思乱想，猜测老师是不是不喜欢她了。

小艾带着这种猜测，更加细心地观察老师的一言一行。她敏锐地发现，在成绩下降之前，老师上课时经常让她回答问题，就算不喊她回答问题，视线也会落在她身上。但自从成绩下降后，老师就没有再喊她回答问题了。

当然，这只是小艾对老师的猜测。最让小艾伤心的是调换座位事件。那天，老师上完课之后，将她的座位往后调了几排。这让小艾完全笃定老师是真的不喜欢她了。

此后，小艾十分害怕接触同学们的目光，因为那些目光仿佛在传递给她这样的信息："老师不喜欢你了。"当她看到同学们聚在一起窃窃私语时，也总是以为这些同学是在议论自己。从此，她对老师心生抗拒，既听不进老师讲的课程，又没有心思写作业。结果，小艾在下一次考试中成绩一落千丈。

妈妈发现小艾成绩急剧下滑，人也越发沉闷后，便和她谈心。妈妈通过聊天发现了问题所在。妈妈询问老师后，知道是孩子误会了老师。妈妈为了消除小艾与老师的误会，充当起调解员。

妈妈告诉小艾，期中考试后，老师没有约谈她，是因为她的成绩下降得并不多，而且老师一直觉得她是一个很自觉的孩子，之后会抓紧学习，把成绩提高上去，关于调换座位，那名与她换座位的同学视力不好，而她的视力很好，所以并不是因为老师不喜欢她而给她换座位。当小艾知道自己误会了老师后，在感到不好意思的同时，也打开了心结。

老师在孩子成长过程中扮演了重要角色，一言一行都会给孩子带来影响。当孩子对老师产生误会时，就会造成不好的影响。比如首先会影响孩子的学习成绩。因为当孩子非常喜欢老师时，也会对学习产生兴趣，学习成绩自然会好；与之相反，当孩子因为误会了老师而心生抗拒时，也会抗拒学习，学习成绩自然就会下降。

孩子对老师产生误会后，还会潜移默化地影响孩子的性格发展，比如会让孩子的性格变得内向，会令孩子越发地敏感等。

孩子与老师之间产生误会，这很常见。父母一定要扮演好调解员这一角色，及时地做好调解工作。父母要让孩子知道，老师的言行其实并没有其他的深意。

当敏感型孩子对老师产生误会后，父母进行调解时，一定要注意方法和技巧，否则不仅无法解开孩子与老师之间的误会，还会加重孩子对老师的误会。父母在做调解工作时一定要注意以下几个方面。

1. 首先要弄清楚缘由，然后再去调解

之所以会产生误会，是因为双方在认知上产生了分歧。敏感型孩子之所以误会老师，也是因为孩子和老师对同一件事情的认知不一样。当父母只听了孩子或老师一个人的说辞时，就偏向于一方去调解，那么这场调解注定会无疾而终。尤其是父母从孩子的口中得知缘由后，在没有询问老师的情况下，就站在老师的立场替老师说话，这很容易惹得孩子反感。因为当父母一味地替老师说话时，会让孩子产生这样的想法："父母不信任我。"

当孩子对父母感到失望和不信任时，父母就无法胜任调解员的工作了。所以，父母在调节师生矛盾前，一定要先从双方那里弄清事情的缘由。

2. 要站在孩子的立场去调解

当我们信任一个人时，才会听他的话，听他的建议。同样，父母在消除孩子对老师的误会时，想要孩子听进自己的话，就要让孩子信任自己。所以，父母要站在孩子的立场上去进行调解。

当我们与人产生矛盾时，如果有一个中间人，只要操作好，很快就能化解矛盾。当敏感型孩子对老师产生误会时，也需要有一个中间人，帮助他化解与老师之间的矛盾。而父母就是最好的人选。因为父母是最容易获得孩子信任的人。

千万别拿学霸去"激励"敏感型孩子

国内有一档以敏感型少儿成长为主旨的综艺节目。其中有一期，小女孩和妈妈的关系很不好。小女孩很抗拒和妈妈交流，而且每次同妈妈交流都以争执结束。节目组的工作人员往往需要找到小女孩和妈妈之间的问题所在，并去解决这个问题。

在工作人员的耐心开导下，小女孩哽咽地说，妈妈的存在让她感到十分压抑。小女孩说，妈妈总是拿她和别人家的孩子做比较。她明明很努力了，可妈妈总是视而不见，并且还总爱打击她。对于孩子的质问，妈妈回答说，她一直打击孩子，是希望孩子不要骄傲；拿别人家的孩子与她比较，是希望激励孩子变得更为优秀。

父母都希望孩子很优秀，希望孩子能有一个美好的未来。但不是每个孩子都有超高的天赋。为此，父母不得不鞭策孩子努力前行。父母为了激励孩子，经常拿别人家的学霸来激励自己的孩子。不过，这样的方式有用吗？可以肯定地说，这对敏感型孩子来说肯定没用，并且还会起到反作用。

比如节目中，妈妈的初衷是为了孩子好，但反而给孩子和自己带来了不好的影响，比如使小女孩的性格变得内向而敏感。而在此之前，小女孩很活泼开朗，但在妈妈多次拿她和其他孩子做比较后，她脸上的笑容就渐渐消失了，人也变得沉闷了。

另外，父母经常拿别人家的学霸孩子与自己孩子比，会令孩子缺乏自信。节目中的小女孩，小的时候天不怕地不怕，而且爱在别人面前表现自己，但现在的她，只想找一个隐秘的地方把自己藏起来。更为重要的是，母女间的亲子关系陷入了冰点，小女孩抗拒和妈妈交流、接触，妈妈很难再走进孩子的心中。

对普通孩子来说，父母拿孩子和别人家的学霸做比较，会使孩子的心灵逐渐变得脆弱而敏感，而对敏感型孩子来说，无疑是在对孩子施加酷刑，令孩子那颗敏感的心灵变得千疮百孔。

庄庄今年8岁了，是一个帅气的小男孩。以前，庄庄一直住在农村的爷爷奶奶家，读小学后才被父母接到城市里。因为庄庄说话带有浓重的地方口音，又没有城市小孩懂得多，总是受到同学们的嘲笑，这让他渐渐地产生了自卑感，变得十分敏感，而且格外在意别人的言行和对自己的评价。因为过于在意别人对自己的看法，庄庄时常将自己置身于尴尬境地。

庄庄的父母在城市里打拼了几年，家庭经济条件好了很多。妈妈就想给庄庄良好的教育，所以也紧跟潮流，送庄庄去上围棋和拉丁舞等兴趣特长班。这些都是由妈妈决定的，因为朋友、同事的孩子都在学习这些。

庄庄学习围棋和拉丁舞有一年多了，同班的其他孩子都获得了各种比赛大奖，唯有庄庄表现平平。妈妈看在眼里，急在心里。妈妈 为了激励庄庄，就拿庄庄和别人家的孩子做比较。比如她会对庄庄说，哪家的孩子年纪比你小，围棋有多么优秀；哪家孩子比你学得晚，现在拉丁舞跳得比你还好。

在学习文化课方面，庄庄也要受到妈妈的"激励"。因为庄庄在学习上起步比其他小朋友晚，不仅跟不上课程进度，还总吃不透老师讲的知识，以至于每次考试他的成绩都垫底。每次妈妈都会拿他和其他孩子做比较。

因为妈妈爱拿庄庄和其他孩子做比较，让庄庄从一个活泼开朗的孩子渐渐地变成了一个内向且高度敏感的孩子。

父母经常拿自己的孩子和其他孩子做比较，原因无外乎以下几点。

首先是父母的焦虑在作祟。当今社会，读书不是通往成功的唯一道路，但是走向成功的捷径之一。父母为了不让孩子输在起跑线上，会不遗余力地鞭策孩子努力学习。而且，父母对孩子的期望越高，焦虑感就越重。父母为了激励孩子上进，就会不自觉地更加频繁地拿孩子与优秀的孩子做比较。

其次是受社会大环境的影响。中国人普遍重视对孩子的教育问题，往往会疯狂投资孩子的教育。这种观念决定了父母免不了拿孩子和别人家孩子做比较，尤其是为了激励孩子，就会拿自己的孩子和那些优秀孩子做比较。

但是，不管出于何种目的，拿自己的孩子和优秀的孩子做比较，最终受伤害的还是自己的孩子。特别是高度敏感的孩子，同样的伤害，他们所感受到的伤痛会扩大数倍。因为高度敏感的孩子不懂得去屏蔽那些直击心灵的伤痛。

在教育孩子时，父母适当地通过与优秀的孩子做比较来激励孩子，对普通孩子来说，的确可以起到一些促使他们进步的效果，但对敏感型孩子来说，效果却会适得其反。所以，父母要尽量避免拿敏感型孩子与优秀的孩子做比较，以免对敏感型孩子造成伤害。那么，父母具体该怎么做呢？

1. 父母要调整好自己的心态

虽然我们无法改变社会的快节奏，但是能放缓自己的步伐。父母在教育敏感型孩子时，不要过于关注环境，而是要用试着用平和的心态去面对孩子的现状。要知道，父母的良好心态就像一双温柔的双手，能够抚平敏感型孩子内心的忐忑与不安，使孩子的心理获得健康发展。

2. 父母要挖掘孩子优秀的一面

每个人都有长处和短处，如果总是拿自己的短处和他人的长处比较，就会显得自己一无是处。同样，父母总是拿自己孩子的短处和其他孩子的长处比较，就会认为自己的孩子很糟糕。事实上，孩子是优秀的，身上有许多的闪光点。当父母学会发现孩子身上优秀的一面时，自然就不会总是与优秀的孩子比较了。

3. 树立多元化的教育观念

这是个多元化的社会，父母在教育孩子时，也要与时俱进，对孩子实施多元化的教育。因为多元化的教育不仅能让孩子获得全面发展，还能使孩子找到自己擅长的事情，父母也会因此不再将孩子与其他优秀的孩子做比较。

父母在拿自己的孩子和别人家的学霸孩子做比较前，不妨反问一下自己，你是否喜欢他人将你和比你优秀的人做比较？想必是不愿意的。同理，孩子也不愿意。所以，千万别拿别人家的学霸孩子与敏感型孩子做比较。

偏科是敏感型孩子常见症，
如何帮助孩子学业平衡

在学习过程中，许多孩子都会出现偏科的情况，特别是敏感型孩子，可以说偏科是他们的常见病。那么，敏感型孩子为什么会偏科呢？

首先，敏感型孩子对人很敏感。在他们的世界中，会明确地将人划分为两类，一类是他喜欢的，另一类是他不喜欢的。在面对各个学科的老师时，也会将老师划分为喜欢的老师和不喜欢的老师。

其实，不只是高度敏感的孩子，普通孩子在面对不喜欢的老师时，也会抗拒老师教授的这门学科，只不过敏感型孩子表现得更加抗拒而已。当孩子不愿意花时间在不喜欢的学科上时，成绩自然就会不好，也就出现了偏科的情况。

其次，敏感型孩子太过于在乎别人的言行。有些敏感型孩子为了保护自己不受伤害，会给自己建立了一层坚固的铠甲。敏感型孩子的心理往往会呈现两个极端，一个是过于感性，另一个是过于理性。当孩子过于感性时，就会偏向于文科，相反，当孩子过于理性时，就会偏向于理科。

最后，与父母或老师对某学科的重视程度相关。如果父母或老师在敏感型孩子面前说过这样的话："语文很重要。""数学很重要。"孩子就会将这话牢牢地记在心里，将绝大部分精力投入到该门学科上，于是这门学科的成绩提升了，没有投入相应精力的学科成绩就会下降。

对敏感型孩子来说，一旦出现偏科，就会越偏越严重，因为孩子会越发厌恶和抗拒接触成绩不好的学科。孩子越不学习某学科，成绩就会越差。作为父母，需要去帮助敏感型孩子解决偏科的情况。

安安是一个内向的女孩。不久前，她突然对父母说，她不想上学了。不管父母如何劝说，她就是待在家里，不愿意去学校。其实，安安厌学和她从小到大严重的偏科情况相关。

安安的父母事业有成，而这份成功是用时间换取的。安安自小就与父母聚少离多。每当父母出差时，她就会被送去亲戚家。而每次去亲戚家之前，父母都会叮嘱她："那里不是你的家。""你要听话，要懂事。"所以安安自小就懂得察言观色，成了一名敏感型孩子。

安安入学后，她的身上也有了敏感型孩子的常见症，就是偏科。安安的语文很好，数学一塌糊涂，这是因为她很喜欢语文老师，不喜欢数学老师。语文老师教课时十分温和，会考虑到她的感受，她能感受到语文老师是喜欢自己的。而数学老师教课时总是直来直往，说话总是一针见血，让她感到难堪，她也觉得数学老师不喜欢自己。爱屋及乌，安安对老师的喜恶，也延伸到了对学科的喜恶上。她喜欢语文，语文成绩非常好。她不喜欢数学，于是数学学得一塌糊涂。

随着时间推移，安安偏科的情况越发严重。几次考试，安安的成绩都排在班里末尾。安安作为敏感型孩子，成绩越是不好，就越不想学习，这才出现了抗拒去学校的心理。

那么，偏科会对敏感型孩子带来哪些不好的影响呢？

从学习成绩上来说，会拉低孩子的总分，这一点在孩子升入中学后显得尤为明显。孩子升入初中后，会学习多门学科，但是学科之间有共通性，孩子偏科的情况会逐渐加剧。而且偏科会让孩子与好的学校失之交臂。

从孩子的心理发展来说，偏科会令孩子的性格越发内向，对外界的感应更为敏感。敏感型孩子尤为在意外界的看法，当因为偏科而成绩不理想时，就会陷入深深的自卑。渐渐地，孩子就会越发沉默，越发内向。

为了孩子的学习成绩，也为了孩子的心理健康，父母一旦发现孩子偏科，就要及时帮助孩子均衡学科，特别是敏感型孩子更需要父母用心对待。那么，父母如何帮助敏感型孩子平衡学业呢？

1. 引导孩子对老师产生改观

父母在察觉到孩子对某学科的老师有明显的厌恶或抗拒的情绪时，要及时引导孩子。比如，敏感型孩子容易对老师产生误会，这个时候父母就要充当调解员，帮助孩子消除误会。

父母千万不要在孩子的面前对老师评头论足。当父母说老师的不好时，孩子就会对老师留下不好的印象。这一点在敏感型孩子身上体现得更为淋漓尽致。当敏感型孩子对老师有不好的印象时，又怎么能学好这门学科呢？所以，父母需要时刻注意自己的言行，切忌对老师评头论足。

2. 帮助敏感型孩子树立弱势学科的成就感

敏感型孩子对成就感的感知更为深刻，也比普通孩子更需要有成就感。当敏感型孩子偏科时，学习好的学科能够给敏感型孩子带来成就感，这种成就感会使孩子将更多的时间投入到这门学科，而那些让孩子产生挫败感的学科就会被孩子丢弃。所以，父母在察觉到孩子偏科时，要及时帮助孩子树立那门弱势学科的成就感。最简单的做法就是，在孩子学习弱势学科时，多鼓励，多夸奖，多肯定他取得的进步和努力。

3. 引导孩子对弱势学科产生兴趣

兴趣是最好的老师。当孩子对某门学科感兴趣时，这门学科怎么学都不会差。相反，当孩子对某门学科不感兴趣时，就不愿意在这门学科上投入时间，自然就学不好。所以，当孩子出现偏科时，父母要积极引导孩子对弱势学科产生兴趣。比如，可以将数学和生活相结合，让孩子感受到数学在生活中的妙用。当孩子对数学产生兴趣时，自然就乐意花时间去学习数学。而且只要孩子愿意在弱势学科上下功夫，学习成绩就能够获得提升。

4. 不要在孩子面前表现出对某项学科的重视

敏感型孩子很在意父母或老师的言行。如果父母或老师总是在孩子面前强调某门学科很重要，敏感型孩子就会不自觉地在这门学科上投入更多的时间和精力。而被孩子冷落的学科，就会成为弱势学科。因此父母需要让孩子明白，只有各个学科均衡发展，才能成为一个发展全面的人才。

对敏感型孩子来说，偏科很容易成为一个恶性循环。一旦不及时遏制，就会深陷其中。学习的关键在于日积月累，当孩子越不注重弱势学科的学习时，成绩就会越来越差。所以，父母一旦发现敏感型孩子有偏科的苗头，就要及时引导孩子均衡各个学科的学习，实现全面发展。

敏感型孩子容易走神，
需要着重强化专注力

想做好一件事，就必须专注，集中精力。同样，孩子想要学习好，也要集中精力，专注地投入学习。每个孩子的专注力都不同，而敏感型孩子的专注力要明显逊色于普通孩子。那么，敏感型孩子为什么缺乏专注力，更容易走神呢？

首先，孩子对某门学科不感兴趣，或是不喜欢某门学科的老师，在学习时就容易走神。敏感型孩子对事物或人有鲜明的喜恶，对于喜欢的事物或人，就会用心去对待。相反，他们对于不喜欢的事物或人，就会抗拒接触。这就使得孩子在对待不喜欢的学科或者听不喜欢的老师上课时，会注意力不集中，容易走神。

其次，孩子出现偏科或是听不懂的情况时，也无法集中注意力。有偏科经历的父母应该能够感同身受，当面对弱势学科时，无法持续性地进行学习，因为每学习一会儿，心思就会飘去其他地方。孩子也是如此，尤其是在遇到听不懂或无法理解的知识点时，孩子会控制不住地走神，最终放弃学习。

最后，敏感型孩子心中总想着别的事情。当孩子被别的事情牵绊时，学习就无法做到专注。这是因为敏感型孩子心细如发，也最容易被外界事物所吸引。

孩子有了专注力才能学习好，才能将事情做好。而对于容易走神的敏感型孩子来说，他们更需要培养专注力。

小筱有一个强势而严厉的妈妈。小筱自记事起就生活得小心翼翼。因为她一旦违背了妈妈的想法或是没有达到妈妈的要求，就会受到妈妈的批评。小筱在这样的环境中成长，变成了一名高度敏感孩子。

小筱知道，妈妈虽然严厉，但是真的疼爱她。所以，她努力使自己变得优秀，以求获得妈妈更多的爱。小筱学习非常用功，每次考试都是名列前茅。但是最近几次考试，她考得一次不如一次，下降得特别厉害。妈妈发现，小筱在家学习时很认真，没有异常。所以她去学校拜访老师询问小筱成绩下降的原因。

老师说，他发现小筱上课时常走神，喊她回答问题时，都不知道老师在问什么问题。老师看了小筱的试卷，也询问了小筱，那些错题小筱都会做，只是做题时心不在焉，写错了。于是老师问小筱妈妈，小筱最近是否有烦心事。

小筱妈妈实在想不出来，便直接问小筱。于是小筱将心中的烦恼说了出来。原来前一段时间，小筱妈妈和爸爸闹矛盾，在家吵过好几次架。有一次小筱妈妈甚至生气地提出离婚，并且要带小筱走。当时，小筱就在场。此后，小筱每天学习都心不在焉，总是担心父母真的会离婚。

敏感型孩子非常细心，有时别人一句不经意的话都会让他们琢磨很久。

再加上绝大多数敏感型孩子都是悲观主义者，总会将事情往不好的方向想。一些小事在他们眼中就成了天大的事，令他们十分烦恼。比如，小筱妈妈是在愤怒的情况下向小筱爸爸提出离婚，虽然小筱父母很快就和好了，但是小筱却把这件事牢牢地记在心里，担心自己真的会失去他们。

学习需要专注力。父母想要让孩子成为优秀的人才，就一定要注重培养孩子的专注力。那么，父母该如何强化敏感型孩子的专注力呢？

1. 给孩子塑造一个和谐的生活环境

孩子的敏感心理并非一朝一夕形成的，想要彻底摆脱敏感心理十分困难。不管是让孩子摆脱敏感心理，还是培养孩子的专注力，都需要给孩子塑造一个和谐的生活环境。在生活中不给孩子制造烦恼，在学习上不给孩子施加过大的压力，再加上父母的正确引导，使孩子能够专注地去做一件事。当孩子养成了专注做事的习惯后，就不会容易走神了，专注力也得到了强化。

2. 给孩子做一些强化专注力的训练

只要通过一些特定的训练，孩子的专注力就能够得到提升和强化。比如，平时让孩子一次就做一件事，这样能养成孩子专心致志地做事的习惯。也可以通过盯点法或舒尔特方格来训练。舒尔特方格，就是在一张方形卡片上画出 25 个格子，在格子内任意填写 1 至 25 共计 25 个数字。通过记忆 25 个数字在格子内的位置，达到提升专注力的目的。

3. 多鼓励孩子做一些他喜欢的事

人们在做喜欢的事时，总能长时间且精力充沛地去做。同样，敏感型孩子在做喜欢的事情时，也会专心致志地去做，这在无形之中可以培养孩子的专注力。所以，父母要多鼓励敏感型孩子做一些自己喜欢的事。时间一久，就可以看到成效了。

敏感型孩子阅读理解能力强，
不妨侧重培养

阅读能力是一种最基础的学习能力，对学习效率具有决定性作用。特别是在这个信息发达的时代，阅读能力更为重要。孩子想要有一个好的学习成绩，就必须有良好的阅读能力。因为只有先理解知识点，才能很好地记忆，才能顺畅地解题。如果缺乏阅读能力，即便是头脑再聪明，也很难取得学习成效。相较于普通孩子，敏感型孩子的阅读理解能力要强上许多，而这与敏感型孩子的特点相关。

著名心理学家伊莱恩·阿伦在《天生敏感》中提出，敏感型是一种个性，可以说有的孩子从出生起，就已经存在了。而敏感型孩子身上具备的某些特点，能够使他们有很强的阅读理解能力。

第一，敏感型孩子拥有深刻理解问题的能力。敏感型孩子相较于同龄孩子，思想更成熟，懂得站在不同的角度去看待问题，对问题的理解和分析会更加透彻，更加全面。

第二，敏感型孩子的思维高度活跃。比如，他人的一个行为，普通孩子没有或仅解读出一种含义，敏感型孩子却能解读出多种含义。这是因为敏感型孩子的思维比普通孩子活跃太多。孩子的思维越活跃，阅读理解能力越强。

第三，敏感型孩子的情绪反应激烈，有着极强的共情能力。一件普通的事情，在普通孩子心里掀不起波澜，但能让敏感型孩子的心中掀起巨浪。也正是因为敏感型孩子共情能力强，在阅读时更容易产生共鸣，能够迅速地找到问题核心，深刻地理解、剖析问题。

第四，敏感型孩子感官敏锐，注意细节变化的观察。敏感型孩子懂得察言观色，会留意他人的一言一行，并琢磨其中的深意。当孩子将这个特点运用到阅读理解上时，会细细斟酌一词一句，捕捉细节，挖掘深意。

正是因为敏感型孩子的这些先天特点，使得他们在阅读理解能力方面具有极大的优势。所以，父母一定要注重敏感型孩子的阅读理解能力。

昭昭是一个敏感型孩子，不过他的敏感型症状表现并不明显。昭昭升入小学后，学习成绩并不理想，妈妈为此烦恼极了。那么，这是因为昭昭不够聪明吗？恰恰相反，昭昭非常聪明，比如一些晦涩难懂的东西，只要老师讲得足够清楚，他就能快速理解，仅一遍就能记住。

昭昭的成绩不理想，是因为他总是看错了题的要求。他总以为题目还有其他要求，所以总是做错题。只要别人能够为昭昭仔细分析题目的要求，他就能快速而且准确地做对题目。后来，父母发现昭昭是一个敏感型孩子，因为昭昭有很强的洞察力和共情力。比如，一些他人不曾注意的细节，昭昭却能发现；每次昭昭观看情感类节目或是听到感人的故事时，他都能够感同身受。于是父母利用昭昭高度敏感特点，有技巧地培养他的阅读理解能力。随着昭昭阅读理解能力的不断提高，他的学习成绩也获得了提升。

那么，父母如何培养敏感型孩子的阅读理解能力呢？

1. 引导孩子多多阅读，爱上阅读

敏感型孩子在阅读时感到吃力，是因为平时的阅读量少，孩子积累的知识少，也就无法有效提高阅读理解能力。就好比将文言文翻译成白话文，如果从来没有接触过或者鲜少接触文言文，就算是理解能力再强，也无法翻译出来。相反，如果经常接触文言文，且积累了大量的文言文知识，再凭借超强的理解能力，就能很好地将文章翻译成白话文。所以，父母想要培养敏感型孩子的阅读理解能力，可以让孩子多阅读。阅读需要时间和积累，父母一定要有耐心并鼓励孩子坚持下去。

2. 教导孩子怎么去阅读理解

很多时候，因为敏感型孩子在阅读时对文本有多种解读导致出现了错误。当给予他们一些点拨时，又能够快速理解文章的含义。之所以出现这种情况，很有可能是孩子没有掌握阅读理解的正确方法。所以，父母可以教授孩子一些阅读理解的方法和技巧。比如拿到一篇文章时，首先初读全文，然后再分段理解，对于难以理解的句子，可以根据上下文去分析理解等。只要掌握了阅读理解的技巧，敏感型孩子的阅读理解能力就能得到迅速提升。

父母不要把自己的兴趣，
强加给敏感型孩子

　　许多父母认为孩子学习的内容越丰富，掌握的知识越多，将来越能立于不败之地。这就使得不少父母打着"为孩子好"的旗帜，去干涉孩子的学习，甚至将自己的兴趣强加给孩子。然而，一旦孩子不喜欢父母强加给自己的兴趣，那么对孩子造成的弊端也是很大的。尤其是当父母将自己的学习兴趣强加给敏感型孩子时，会给孩子带来更大的伤害。

　　父母将自己的兴趣强加给孩子，无外乎以下几个原因。

　　首先，父母希望孩子实现自己年轻时未能实现的兴趣爱好。每个人都希望有自己的兴趣爱好，但并不是每个人都能拥有这些兴趣爱好，并且以此为职业。于是，这些没有实现的兴趣爱好便成了父母心中的遗憾，并且念念不忘。父母常常会不自觉地将自己的兴趣爱好强加到孩子身上，让孩子去系统地学习，而丝毫不顾及孩子的意愿。

　　其次，父母认为自己的人生阅历比孩子多，可以替孩子做出一个很有利的选择。父母会结合社会的潮流发展，判断哪些兴趣是热门且有前途的，哪些兴趣是冷门且没有前途的。而孩子因为年龄小，眼界窄，不能分辨这些，所以父母便将自己认为正确的选择强加到了孩子的身上。然而，潮流往往是轮回出现的。未来你认为的热门也许会成为冷门，冷门也许会成为热门。

最后，父母盲目地跟随大众，让孩子投入到各种兴趣班的学习中。这类父母年轻时没有明确的兴趣喜好，也没有对社会前景做出判断。所以他们看到其他孩子学习什么，就让孩子学习什么。

但是，不管父母是因为何种原因将自己的兴趣强加到孩子身上，都会给孩子造成沉重的伤害，而这些伤害在敏感型孩子身上将会放大很多倍。

小可今年7岁，是个典型的敏感型孩子。她就像陀螺一般，每天上完课还要辗转在各个兴趣班，周末的课程更是被父母排得满满的。

小可父母是商人，周末没有时间陪孩子，送孩子去兴趣班的担子就落在了爷爷奶奶身上。这个周末早晨，小可父母接到了奶奶打来的紧急电话，小可不见了。

这天早上，奶奶去卧室喊小可起床，发现小可根本就不在床上。爷爷奶奶根本不知道小可是什么时候走的，又去了哪里，慌乱之下就给小可父母打电话。小可父母赶回家后，一边期待着小可能自己回家，一边给小可的朋友、同学打电话。最后见小可仍然没有回来，别人那里也没有小可的消息，只好打电话报警。

警察让小可父母想一想小可离家时有什么异常？小可妈妈突然想到，前几天小可提出她不想上舞蹈班了，一来她不喜欢，二来她总是跳不好，她更想学轮滑。但是小可妈妈认为跳舞能够培养女孩的气质，拒绝了她的请求。听了小可妈妈的话，奶奶忽然想到，小可每次从兴趣班回来都去小广场看别人玩轮滑。于是，他们去了小可常去的广场，并在人群中找到了小可。

案例中的小可因为父母强加给自己不喜欢的兴趣而内心感到非常压抑，于是不打招呼就离家出走了。随着孩子年龄的增长，他们对父母强加给自己的兴趣会越来越抵触，越容易做出的极端行为。此外，这样做也会让孩子缺乏自信，性格会越来越孤僻内向，内心也越发敏感。父母感兴趣的事物，孩子不一定感兴趣，那么孩子在学习中就会感到无趣，甚至是带着抗拒心理去学习，这样如何能学出好成绩呢？长久以往，只会消磨孩子的自信心。而且，敏感型孩子十分在乎别人的言行。当他们听到不好的评价或议论时，内心只会更加郁闷，性格也会变得越来越内向、孤僻，同时也加重了内心的敏感度。

孩子是独立的个体，他们有自己的想法，而敏感型孩子的思想会更活跃。父母应该倾听并尊重孩子的想法，不要将自己的想法强加给孩子。父母在培养敏感型孩子的学习兴趣时要注意以下几个方面。

1. 学会尊重孩子的兴趣爱好

每个人都会有感兴趣的东西，当孩子的兴趣被父母扼杀后，他们的内心会感到无比的失落，尤其是对父母强加给他们的兴趣十分反感。这与父母期望孩子变优秀的初衷背道而驰。相反，当孩子学习自己感兴趣的东西时，他们会主动地投入时间和精力。有付出就会有回报，孩子会给父母一份满意的成绩单。所以，父母要学会尊重并支持孩子的兴趣爱好。

2. 多给孩子一些尝试的机会，总能找到兴趣爱好

兴趣不是与生俱来的，只有接触某件事物后，才知道自己是否感兴趣。在孩子还没有明确自己的兴趣是什么之前，父母可以让孩子多进行一些尝试。如果孩子表现出强烈的抗拒心理，就代表他不感兴趣；如果孩子主动学习，能够在这件事上持续性地投入时间和精力，就代表他对此很感兴趣。此时，父母要尊重孩子的意愿与选择。

敏感型孩子相较于同龄孩子表现得更成熟，思考问题更周全。他们的每个决定都是经过深思熟虑的，而不是心血来潮。所以，父母不要将自己的兴趣强加给敏感型孩子，要尊重他们的选择。

有竞争就有失利，
提高敏感型孩子的抗挫能力

我们所处的社会充满了各种各样的竞争，在学业上要竞争，在职场中也要竞争。有竞争就会有失利，因为没有人能够成为常胜将军。或许在这次竞争中，我们是赢家，但在下一次竞争中，就是输家。

孩子从出生起，也置身于竞争之中。但是，有的孩子在竞争中遭遇失利时会一蹶不振，伤心自卑，有的孩子却能坦然接受，甚至越挫越勇。孩子在竞争中的表现与他们的抗挫能力息息相关。

那么，哪些孩子抗挫能力强，哪些孩子抗挫能力弱呢？对此，荷兰一位著名的心理学家做了一个实验。

这位心理学家找来一群孩子。他让孩子们思考自己被周围人的接纳情况，比如无论自己做错了什么事，父母都会爱自己吗？自己的衣服弄脏了，会被其他小朋友嫌弃吗？当自己表现好的时候，父母会不会对自己更好？心理学家根据孩子们的回答，将孩子们分为两个组，即"无条件接纳组"和"有条件接纳组"。此后，他又给孩子们安排了学习测试。

心理学家发现，"无条件接纳组"的孩子在面对糟糕的成绩时，不会长时间地陷入负面情绪当中，更不会感到自卑或自我封闭。而"有条件接纳组"的孩子在面临糟糕的成绩时，情绪反应激烈，会持续性地陷入负面情绪当中，并且产生自卑心理，出现自我封闭的现象。

心理学家由此得出结论："无条件接纳组"的孩子要比"有条件接纳组"的孩子更具有抗挫能力。心理学家在研究"有条件接纳组"孩子的个性后发现，其中绝大多数孩子都是敏感型孩子。可见，敏感型孩子相比普通孩子抗挫能力要弱一些。

这与敏感型孩子的特质有关，因为敏感型孩子极其在意他人的看法。当敏感型孩子听到他人的负面评价或打击贬低时，就会不由自主地感到难受。这是抗挫能力弱的典型体现。所以，敏感型孩子在遇到挫折的时候，会本能地躲避或逃离。

也正是因为敏感型孩子极其在意他人的看法，使其或多或少都有一种追求完美的心理。但是没有人可以做到十全十美，这就让敏感型孩子在遭受失败打击后容易变得情绪低落且无法自拔，会放大挫折的负面影响。

晓亮从小就是"别人家的孩子"，因为他的成绩非常好，每次考试都是班级第一。他被老师任命为班里的学习委员。但是，没有人能一直考第一名，晓亮也一样。在最近的几次考试中，他都没有考到第一名。

此前，晓亮是一个成熟稳重的孩子，能够和同学们打成一片。在父母眼中，晓亮是一个乖巧懂事的孩子。但是由于这几次考试没有拿到第一名，晓亮明显沉默了很多。在学校时，他不再和同学们玩耍。不管是上课还是下课，他都把头深深地埋在课本里。回家后，他躲进自己的房间，鲜少与父母交流。

前两天，晓亮脸上流露出的消极情绪更浓重了。这让父母和老师终于察觉到了他的不对劲。原来前两天老师撤掉了他的学习委员职务，任命另一位考得比他好的同学为新的学习委员。他则被老师任命为班里的体育委员。

晓亮想当然地认为，学习委员就是代表成绩好。他猜测，老师是因为他学习成绩退步了才撤销他的学习委员职务。于是，他开始怀疑自己的学习能力，觉得自己的确很差劲。事实上，老师是因为看晓亮总是待在座位上，缺少课外活动，才让他当体育委员。老师希望他能够改变不喜欢运动的弱点。这与晓亮的成绩好坏没有一丁点儿关系。

　　后来，父母和老师一同安慰晓亮，给予他正确的引导，才让他从负面情绪中走了出来。

　　晓亮很在意别人的看法，有着要强的心理，这是敏感型孩子的典型特征。那么，当缺乏耐挫力的敏感型孩子在竞争中遭受多次失利时，又会受到哪些负面影响呢？

　　首先会影响孩子性格的形成。敏感型孩子并不一定性格内向，也并不一定畏惧社交。但是，当敏感型孩子在遭受各种挫折后，性格就会变得内向而孤僻。所以，当敏感型孩子缺乏抗挫力时，又屡屡在竞争中遭遇失利时，性格会逐渐往消极的方向发展。

　　其次会影响孩子的自我认知。像晓亮这样的敏感型孩子，在遭遇多次失利后，对自己的认知就会发生偏差，从而开始质疑自己的能力，做事时会常常自我否定，变得自卑而没有担当。

　　最后会影响孩子的能力发展。敏感型孩子抗挫力差，这意味着孩子的能力发展会受到束缚，因为孩子不敢去尝试。能力是在实践中锻炼出来的，缺少实践机会，孩子又怎么能发展出新的能力呢！

　　在这个充满竞争的社会，没有人能够凭借一己之力改变社会现状。我们只能去适应社会，勇敢地面对竞争。为此，孩子从小就要培养抗挫能力。只有这样，孩子才能够冲破各种阻碍，获得不断成长。父母想要提高敏感型孩子的抗挫能力，就要注意以下几个方面。

1. 让孩子明白没有人能战无不胜

我们在熟悉的领域能够战胜他人，但是我们不是全才，不能做到精通每一个领域，这注定要遭遇失败。况且，这个世界上人外有人，总有一天会被打败。父母必须要让孩子明白这个道理。当孩子意识到这一点时，就不会为自己的失败而耿耿于怀，这也有助于孩子抗挫能力的提升。

2. 告诉孩子一时的失败并不代表什么

就好比考试，你有一两次考不好，并不能代表什么。只要你肯用功，总有能考好的时候。父母要告诉孩子，失败并不可怕，可怕的是在失败后不采取任何行动。失败也不是永久的，只要你肯卧薪尝胆、悬梁刺股，总会有胜利的时候。

3. 不要对孩子有过高的要求

很多时候，孩子在乎成功，在乎赢，是因为父母对其有过高的要求，这使得孩子也过高地要求自己。当父母试着不对孩子提出过高的要求时，就会发现孩子能够坦然地面对失败，这在无形中就提高了孩子的抗挫能力。

第8章　孩子，你慢慢来

——敏感型孩子的优秀是慢慢培养出来的

父母都希望孩子能成龙成凤。但是，父母对孩子的期望越高，孩子所承受的心理压力就越重，特别是敏感型孩子承受的心理负担会更重。高楼不是顷刻而起的，孩子的优秀也非短时间内就能培养出来的。父母培养优秀的孩子，一定要慢慢来。

培养敏感型孩子要有三心——
爱心、耐心与恒心

孩子是祖国的未来，是一个家庭的希望。父母都期望自己的孩子能够成龙成凤，为此会怀着急切心情去教育孩子。在孩子出错或做得不好的时候，父母会狠狠地批评或训斥孩子，期待他们能由此获得进步。然而，父母的急切期待并不能让孩子瞬间变优秀，反而会适得其反，这一点在敏感型孩子身上体现得更淋漓尽致。

敏感型孩子很在意他人的言行，特别是对他人的情绪很敏感。父母作为敏感型孩子最亲近的人，一言一行、一怒一笑更能够牵动孩子的心绪。所以，当父母批评或训斥敏感型孩子时，只会让孩子怀疑父母是否不爱他了，让孩子感到忐忑不安，在面对父母时更加小心翼翼。当孩子有意识地控制和收敛自己的言行时，其实也是在压制他与生俱来的创造性。这对敏感型孩子来说是得不偿失的。

父母的急于求成，在敏感型孩子看来，是缺乏爱心和耐心的表现，会令敏感型孩子感到伤心难过，让他们变得自卑，甚至自我怀疑，认为自己真的很差劲，最终导致丧失自信心。当孩子缺乏自信时，做事效率就会大打折扣。当然，这也会使孩子的性格朝消极的方面发展。

父母是孩子的榜样，会让孩子有样学样。当父母在敏感型孩子面前表现得做事很急切时，也会使孩子成为一个急性子的人，使孩子做事缺乏耐心和恒心。

　　教育是一场长久的战役，而优秀的孩子也是慢慢培养出来的。对孩子展现出来的急切与严厉的态度，只会让孩子变得更糟糕、更敏感。

　　姣姣是个敏感型孩子。就在前两天，她干了一件惊天动地的大事。她没有通知父母，独自买票，坐了 3 个小时的车，去了乡下的爷爷奶奶家。父母对于姣姣不打招呼就去爷爷奶奶家，既惊恐，又愤怒。他们担心姣姣会被坏人拐走，或是出现意外。

　　父母马不停蹄地赶到爷爷奶奶家，狠狠地教训了姣姣一顿。当他们要带姣姣回去时，却遭到了她的拒绝。姣姣说，她不想回城市和爸爸妈妈生活，她想住在乡下和爷爷奶奶生活。父母问姣姣原因，姣姣埋着头不说话，还是爷爷奶奶从她的嘴里套出了答案。

　　姣姣说，她觉得爸爸妈妈不爱她，对她很没有耐心。比如，有一回姣姣获得了英语比赛第二名的好成绩。她看到获得第三名的小松被父母抱在怀里夸个不停，并且毫不犹豫地答应了他吃大餐的请求。姣姣想，她考得比小松成绩还好，父母应该会更高兴。结果，父母不仅没有夸奖她，反而批评她没有尽全力。和小松的备受赞扬相比，这种落差感使姣姣觉得父母不爱她，只在乎她的学习成绩。

　　姣姣说，父母在辅导她做作业时，极没有耐心。比如，当遇到难题时，只要她思考用的时间稍微长一些，父母就会打断她，然后告诉她怎么解题。并且，父母会责怪她连这么简单的题目都不会做，甚至怀疑她上课没有认真听老师讲。

　　父母的严厉和高要求让姣姣感到压抑极了。她一刻也不想和父母生活在一起，这才独自去了爷爷奶奶家。

　　从姣姣的事例中，不难看出，父母在教育姣姣的时候是缺乏耐心的。

姣姣是个敏感型孩子，父母的教育方式严重地伤害了她敏感而脆弱的心灵，并最终导致了她的独自出走。

其实，当我们成年人长时间地生活在充满抨击、批评的环境中时，也会感到压抑，而且会急切地寻找机会逃离这样的环境。敏感型孩子更是如此。所以，父母在教育敏感型孩子时，一定要采取正确的方法。

父母对孩子的期待要建立在孩子身心健康发展的基础上。父母在培养敏感型孩子时，必须要具备三心，即爱心、耐心和恒心。具体要注意以下几个方面。

1. 在与孩子相处时，要多鼓励，少训斥

每个孩子都有自尊心，而敏感型孩子的自尊心更甚。父母如果时常批评孩子，或是说他"笨""不乖"这类的话，就会让孩子的自尊心受损。父母对孩子多鼓励，少训斥，是展现爱心的最直接的方法之一。

2. 不要对孩子有过高的要求

孩子总是做不好，总是达不到我们的要求？父母需要先问一下自己，是否用成年人的标准和眼光去看待孩子的一言一行？如果是，这显然对孩子是不公平的。因为无论孩子怎么做，都无法达到成人的标准和要求。父母可以对孩子有所要求，但应该是孩子力所能及或经过能够努力能够实现的。父母在对孩子提出要求的同时，也不要忘了给予孩子宽容和理解。

3. 学会换位思考，站在孩子的角度看待问题

当孩子犯错时，父母不要急于批评、责怪孩子，而是应该换位思考，

询问孩子为什么这么做，是出于什么目的。换位思考既能够帮助父母了解孩子的真实想法，也能使父母对孩子采用最恰当的教育。

4. 学会调整心态，试着去全方位了解孩子

不同孩子之间有很大的差异。同一种教育方式，对其他孩子有效，但是对敏感型孩子可能就不适合，甚至效果相反。父母要全方位地了解孩子的性格特点和孩子的优缺点。只有全面透彻地了解孩子，才能有针对性地采取最适合孩子的教育方式。尤其需要注意的是，父母在与孩子相处时，一定要做到有爱心、有耐心、有恒心。

5. 给孩子树立良好的榜样

优秀的孩子都有爱心、耐心和恒心，而这些良好品质的养成靠的是耳濡目染和环境的熏陶。父母作为孩子最亲近的人，要给孩子树立良好的榜样。父母平时在与孩子相处时，要多多反省自己的言行，将爱心、耐心和恒心铭记于心。

不要拔苗助长，尽量让敏感型孩子
顺应天性健康成长

你在教育孩子的时候，有对孩子"拔苗助长"吗？比如，在孩子才学会爬行的时候，就训练孩子走路；在孩子刚学会走路时，就训练孩子跑；

在孩子对汉字懵懂时，就给孩子布置每天记忆多少个字的任务；在孩子读小学时，就急着给他们灌输初中的知识；等等。这种对孩子"拔苗助长"行为，有使孩子变优秀吗？显然是没有的。

父母需要明白，天才是万中无一的，绝大多数儿童都是普通的，用拔苗助长的方式去教育普通的孩子，无疑是在违背孩子成长的客观规律，最终只会让孩子如被拔高的禾苗一般枯萎。拔苗助长的教育方式对敏感型孩子的伤害首先是影响孩子的身心健康。

父母对孩子拔苗助长，其实是对孩子抱有极高的期望，但是孩子往往不能提交令父母满意的答卷。即便是父母不给孩子打上"差劲""蠢笨"等标签，孩子也会因为无法完成父母的要求而感到伤心难过，从而变得自卑，甚至怀疑自己的能力。长此以往，将会影响孩子的身心健康，而敏感型孩子则会将这种负能量放大数倍。而且父母的拔苗助长还会扼杀孩子的天性，让孩子珍珠蒙尘。

陈女士是一位单亲妈妈，独自带着孩子小乐生活。陈女士很要强。她要让别人看见，她就算离婚了，也能过得很好，也可以把孩子培养得很优秀。所以陈女士除了工作外，把精力都放在了小乐身上。

在小乐很小的时候，陈女士就把他送去了辅导班。小乐除了要学习钢琴、绘画、书法外，还要学习英语、数学等课程。陈女士给小乐选择的学校并不是采取寓教于乐的教育方式，而是按照大孩子的教育方式去教小乐。因为她觉得，这样教学更严谨，更系统，孩子能够学到更多的知识。

然而，小乐的年纪太小，枯燥的教学让他很快就产生了厌烦、抗拒心理。当小乐鼓起勇气表示，自己不想学数学时，陈女士狠狠地训斥了他一顿。这让小乐不敢再提此事。

在家的时候，陈女士也会给小乐布置作业，规定他在一定的时间内做完，还会给他批改打分。有一回，陈女士照常给小乐布置了作业，但小乐却偷偷地在房间里玩魔方。陈女士发现后，十分生气，不仅狠狠地摔碎了魔方，还动手打了小乐。

此后，小乐乖巧了好多。无论陈女士送他去什么兴趣班，他都会乖乖地去。但是令陈女士难以接受的是，小乐并没有成为她期待的优秀孩子。

因为小乐学习的好几门课程，没有一门是出彩的，并且许多课程都跟不上同班同学的学习进度。老师多次委婉地建议陈女士，让她等孩子长大一点再来学习，或是把小乐调到低龄班。同时，小乐的性格也发生了显著的改变。他开始变得内向孤僻，不喜欢和人交流，也变得胆小懦弱，别人说什么他都会照做。

小乐之所以变成这样，是因为妈妈的强势，他的内心是高度敏感的，而敏感型孩子是极度渴望被爱的。陈女士拔苗助长的行为不仅不能让小乐感到被爱，反而让小乐感到了压抑，没有安全感。小乐在这样的环境中成长，身心又怎么能健康发展呢！最重要的是，陈女士还扼杀了小乐的天性。如果说孩子与优秀之间有一座桥梁，那么这座桥梁便是"天性"。比如小乐喜欢玩魔方，倘若陈女士能顺应小乐的兴趣和爱好去培养，一定能把小乐培养成优秀的孩子。

世间万物都有规律，只有遵循规律，才能够事半功倍。父母在教育敏感型孩子时，也要顺应孩子的天性。敏感型孩子和普通孩子一样，具有爱玩、好奇心重、喜欢模仿等天性。不同的是，敏感型孩子比普通孩子还多出了创造力强、洞察力强等天性。如果我们能够顺应敏感型孩子的天性去培养，无疑是将这些特性进行放大。父母顺应敏感型孩子的天性培养他们时应该注意以下几个方面。

1. 学会用两面性去看待孩子的天性

任何事物都存在两面性，有好的一面，也有不好的一面，孩子的天性也是如此。比如，孩子天性好奇，如果父母总是将视线停留在孩子对事物造成的破坏上，就只能看到坏的一面；如果父母试着去看孩子在破坏的过程中学会了什么，就能看到好的一面。当父母学会用两面性看待孩子的天性后，就能接纳孩子的天性，并能顺应孩子的天性去培养他们。

2. 要知道孩子有哪些天性

每个孩子的天性都有差异，敏感型孩子的天性更是与众不同，这就需要父母去挖掘孩子的天性都有哪些，然后顺应孩子的天性去培养孩子。父母在平时要多观察孩子的言行，分析孩子的思维，以便因材施教。

3. 不要对孩子拔苗助长

孩子的成长是有规律的，不同年龄段孩子的心智也都有不同的特点，所能够接受和理解的事物也会有所不同。如果父母罔顾孩子的心智发展，灌输超出孩子心智范围的东西，不仅会让孩子接受不了，还会让孩子对新事物产生畏难情绪，从而厌倦学习，导致孩子变得浑浑噩噩。所以，父母要遵循孩子的成长规律，不要拔苗助长。

直升机父母和敏感型孩子一般不太搭

《小欢喜》是一部围绕孩子展开的家庭剧，相信不少父母都看过。女主人公宋倩是一位单亲妈妈，女儿乔英子跟着她生活。宋倩自离婚后，便将希望都寄托在女儿的身上。为了有更多的时间照顾孩子、辅导孩子功课，宋倩辞去了工作。

宋倩将女儿乔英子照顾得无微不至，比如给孩子买海参炖汤喝，不让她为家庭琐事烦恼。但宋倩对孩子管得很严，对孩子有很强的控制欲。宋倩对乔英子这种"全包围"式的关切，使得乔英子患了中度抑郁，母女之间的误解和矛盾越来越深。

可以说，《小欢喜》中宋倩是一位典型的"直升机父母"。"直升机父母"有着强烈且急切的望子成龙心理。这类父母就像直升机一样，会盘旋在孩子的周围，密切且时刻监视着孩子的一举一动。更详细地说，"直升机"父母具备以下几个特点。

首先，过于溺爱孩子。"直升机"父母尤为爱孩子，会事事替孩子代劳。他们坚信自己对孩子的庇护能够使孩子很好地成长。可以说，他们对孩子的爱没有原则，没有边界。

其次，对孩子有强烈的掌控欲。"直升机"父母自信地认为，自己的人生经历比孩子丰富，凭着人生经验可以帮孩子做出对的选择，让孩子少走弯路。所以他们会对孩子指手画脚，干涉孩子的兴趣爱好，自以为是地规划孩子的未来。

最后，对孩子的成长有着强烈的焦虑感。"直升机"父母尤为担心孩子走在人生路上的每一步，哪怕是孩子在一次小小的考试中失利了，也会认为这将给孩子的人生造成影响。正因为对孩子的过度焦虑，他们才会严厉地对待孩子，不容许孩子犯错。

作为父母，如果你在生活上过度地照顾孩子，不让孩子做自己的事，不让孩子做家务；在学习上，给孩子布置无穷无尽的作业，送孩子去上各种补习班；在人际交往中，干涉孩子交友的权利，都能说明，你是"直升机"父母。但是，"直升机"父母往往与敏感型孩子不太搭。

优娜是一个乖巧的敏感型女孩。优娜和妈妈的关系非常好，每天放学回家后，都会告诉妈妈学校里发生的每一件事。然而就在最近几天，优娜成了"闷葫芦"。她不仅不再跟妈妈说学校里发生的事，做事也显得心不在焉。妈妈问她怎么了，她什么也不说。

妈妈非常担心优娜，便去优娜的学校找答案。优娜是班里的文艺委员。在六一儿童节来临之际，老师让优娜选几名同学排一个节目，在六一会演上表演。优娜决定表演小品，并动员同学们参加。优娜非常希望李笑能够参加，因为她很会表演。但是，李笑说没有时间，她几乎每天放学后都要去上兴趣班和补习班，周末更是排得满满的。

李笑的拒绝让优娜很沮丧，不过她没有放弃。她相信，自己诚心地多邀请几次，李笑一定会答应。但是，随着一次次地被李笑拒绝，她的心情也变得失落了，回到家后闷闷不乐，不想说话。

妈妈从优娜的同学口中得知缘由后，没有通知优娜，就跑去找老师。妈妈告诉老师：李笑不配合优娜的工作，这让优娜非常困扰。如果老师不帮优娜解决这个问题，就不让优娜当文艺委员了。

其实，老师很尊重孩子们的意愿，在得知李笑真的没有时间参加节目后，他也无能为力。为了防止优娜妈妈再找自己，老师也只能按照优娜妈妈的意愿，撤销了优娜的文艺委员职务。老师也将这么做的原因如实告知了优娜。

优娜回到家后，她一边哭一边质问妈妈为什么要那么做？在此后很长的一段时间里，母女俩的关系都处于冰点。

优娜的妈妈是典型的"直升机"父母，她关注着优娜的一举一动，在察觉到优娜有情绪时，便不顾孩子的意愿，径自帮孩子"出头"。优娜妈妈的初衷是为了孩子好，但现实却是她让优娜感觉很不好。

"直升机"父母的行为会让孩子成为长不大的巨婴。因为"直升机"父母总是将孩子照顾得无微不至，这意味着孩子将失去独立的机会，久而久之就会缺乏自理能力，缺乏独立性。而这样的孩子将很难在社会中生存。

"直升机"父母也会使孩子变得叛逆，甚至做出一些偏激的行为。因为敏感型孩子情绪波动大，父母的一言一行都能够轻易地挑起孩子的情绪。当父母对孩子施加的压力越大，表现出的掌控欲越强时，孩子就会越反感，越抵触。当孩子的负面情绪积压到一定程度后，就会彻底爆发，继而做出一些叛逆或偏激的事。

"直升机"父母还会使孩子的心灵变得极度脆弱。孩子在独自面对困难的时候，会变得不堪一击。因为"直升机"父母会一边替孩子挡风遮雨，一边又极为严厉地教导孩子。敏感型孩子本就心理脆弱而敏感，他们的心灵更容易受到创伤。

可见，"直升机"父母与敏感型孩子是不搭的。那么，父母该怎么对敏感型孩子进行教育呢？具体要做好以下几个方面。

1. 在与孩子相处时，多倾听少控制

每个人都是独立存在的，有自己的思想。比如，当别人罔顾我们的想法而替我们做决定时，我们内心肯定会无比反感。孩子也是有思想的，当父母帮助孩子做决定时，也会惹来他们的抵触。

因此，父母要学会尊重孩子。父母在与孩子相处的时候，要学会多倾听，少控制。比如，在给孩子报兴趣班前，可以先问一问孩子的想法，然后再决定。父母要知道，真正去学习的是孩子自己，他对这件事感兴趣的程度直接决定了他能够坚持学习多久，能有多大的成就。

2. 父母可以爱孩子，但不能溺爱孩子

父母疼爱孩子，这是人之常情，但是父母需要谨记，不能让过度的溺爱毁了孩子。因为父母不能替孩子包办一切，也不能陪伴孩子走完他的人生之路。在这个过程中，他依靠的只有自己。只有当孩子具有独立能力、抗挫能力时，才能坦然地去面对人生路上的困难。所以，父母要懂得放手，让孩子自己的事情自己做。

3. 父母对孩子要少点批评，多点鼓励

每个人都会有犯错的时候，即便是成年人也不例外。所以，父母在面对犯错的孩子时，不要一味地去说教、批评，应该鼓励孩子学会自我反思，总结经验，让他们学会从错误和失败中汲取经验和教训，从而获得成长。

做"直升机"父母很累，做"直升机"父母的孩子更累。其实，当父母试着用平常心去对待孩子时，就会发现你的孩子也很优秀。

降低控制欲，
敏感型孩子更需要尊重和自主权

在与孩子相处时，有的父母感到轻松，有的父母感到疲惫。其实，造成父母疲惫的罪魁祸首不是孩子，而是父母自己。

父母不妨检讨一下：在孩子出门玩耍时，你会不管孩子已经长大了，也跟着去；在孩子交朋友时，你会替孩子决定对方是否值得交往；在孩子面临选择时，你会替他做出选择。当父母将孩子的大事小事尽数揽在身上时，能不疲惫吗？当父母过着自己的人生，又兼顾孩子的人生时，能不感到累吗？归根究底，对孩子的控制欲太强，这才会令父母感到十分疲惫。

父母对孩子的控制欲是一把利剑，既会伤害到父母自己，也会伤害到孩子。特别是敏感型孩子，父母强烈的控制欲会让他们喘不过气来。如果父母的控制欲过于强烈会给敏感型孩子带来以下几种危害。

比如，控制欲强的父母会帮孩子做决定，这就使得孩子在面临选择的时候，脑海是一片空白，无法应对面临的问题。因为人的大脑就像一台机器，长久不运转就会生锈，同样，孩子长久不思考，头脑也会生锈，就会变得没有主见，处处依赖别人。

通常来说，控制欲强的父母都是强势的，是不容孩子质疑、反驳的。孩子生活在这种高压环境中，会感到忐忑。久而久之，孩子就会逐渐失去自我，变得懦弱、自卑。孩子的这种懦弱自卑不仅是展现在父母面前，在其他人面前也是如此，甚至会伴随孩子一生。

在孩子遇到困难或挫折的时候，掌控欲强的父母常常会指挥孩子怎么做。虽然孩子在父母的指挥下，能轻松地越过障碍，但是，也让孩子失去了收获经验和锻炼耐挫能力的机会。当孩子独自面对困难和挫折的时候，就会变得六神无主，不堪一击。

另外，控制欲强的父母还会使孩子缺乏独立性。掌控欲强的父母仿佛有无数双手，这些手将孩子包围得密不透风，会帮孩子处理好生活中的每一件事。父母的大包大揽会令孩子渐渐地丧失动手能力，进而缺乏独立性。在孩子小的时候，父母可以替孩子做一些孩子无法完成的事情。但是，当孩子长大成人，需要独自远行时，缺乏独立能力的他们将会面临一场场噩梦。

可以说，虽然有着强烈掌控欲的父母，初衷都是为了孩子好，但事实却是孩子并没有因此而变优秀。可见，"为了孩子好"只是父母掌控孩子的幌子。

赵女士是一位高才生，快四十岁时才生下儿子豆豆。她对豆豆的成长和未来充满了期望，所以她严格要求豆豆按照她的规划来成长。

在生活上，赵女士十分注重培养豆豆的礼仪和品质。比如，她要求豆豆碰到熟人时主动打招呼；在别人给他食物时，要礼貌地拒绝，或征得她的同意才行；在吃饭的时候，要举止优雅，做到食不言……在学习上，赵女士会亲自给豆豆制订学习计划，并让豆豆严格按计划执行；她没有询问豆豆的想法，就擅自帮豆豆报了兴趣班……

最初，赵女士并不认为自己对豆豆有强烈的控制欲。随着豆豆的日渐长大，她看到豆豆身上暴露的问题越来越多，内心也变得越来越敏感。当深究豆豆身上的问题时，她才意识到是自己对豆豆过强的控制欲造成的。

比如，赵女士会管豆豆的衣服穿搭，每天都会给豆豆准备好要穿的衣服。有一个周末，赵女士需要加班，忘记给豆豆准备当天要穿的衣服。当豆豆早上起床问赵女士他穿什么衣服时，赵女士让豆豆自己去衣橱里选一套。赵女士一直忙到中午才结束了工作。当她来到了豆豆卧室时，发现豆豆仍然穿着睡衣。她问豆豆为什么不自己找衣服穿时，豆豆很无奈地回答说他不知道要穿哪件。

又比如，豆豆参加学校组织的游学活动，赵女士给了豆豆足够的钱，并叮嘱豆豆不要舍不得钱，想吃什么就买着吃。然而豆豆游学回来后，他一分钱都没有用。赵女士问豆豆，怎么不花钱，游学这几天吃的是什么。豆豆说，他不知道该买什么吃，游学几天吃的都是赵女士给他准备的食物。赵女士听了心酸不已，她准备的那点儿吃的怎么能吃得饱。

这让赵女士意识到，她之前对豆豆的教育是建立在强烈的控制欲之上的。好在赵女士意识到自己的问题后，开始试着去改正自己的行为，避免了对孩子造成更坏的影响。

敏感型孩子很在意父母的言行，而控制欲强的父母非常强势，于是当孩子发现只要顺从父母就能够抚平父母皱起的眉头后，就会不停地去顺从，并最终将顺从作为自己为人处世的方式。但是，这并不利于孩子身心的健康发展，也无法让孩子变得优秀。其实，不管敏感型孩子，还是普通孩子，都需要父母的尊重，需要父母给予他们自主权。

孩子不是父母的附属品，也不是父母手中的提线木偶。他们是一个独立的个体，有自己的思维和想法。所以，孩子需要获得父母和他人的尊重和自主权，而敏感型孩子在这方面的需求更为强烈。父母要降低对孩子的控制欲，具体需要做好以下几方面。

1. 学会反思自己的行为

很多父母并没有察觉到自己对孩子有很强的控制欲，这是因为控制欲披着一层"爱"的外衣。当父母以"为孩子好""爱孩子"等这样的借口对孩子实施控制时，察觉不到自己对孩子的过度控制，也察觉不到自己对孩子所造成的伤害。所以，父母需要反思自己是否对孩子有强烈的掌控欲。

父母可以回想一下，当孩子做选择时，你是否总是替孩子做决定？孩子在向你表达诉求时，你是不是毫不犹豫地否决？父母只有先察觉到对孩子的控制欲，才能有目标性地去降低对孩子的控制欲。

2. 用平等的目光看待孩子

父母过度地控制孩子，一是因为父母没有将孩子当作一个独立的个体，而是将他们当作自己的附属品；二是认为自己的阅历和人生经验比孩子丰富，可以帮孩子做出最好的选择。但归根究底，还是没有将孩子放在与自己平等的位置上，而摆出一种高高在上的姿态。其实这是一种极不尊重人的体现。

父母不妨换位思考一番，当你不被人尊重时，内心无疑是愤怒的。同样，敏感型孩子在察觉到自己不被父母尊重时，内心也是愤怒的，只不过这种不尊重来自父母，他们会化愤怒为卑微。尊重孩子，就是将孩子放置在与自己平等的位置上，用平等的目光去看待他们。当父母试着以朋友的身份去倾听孩子的想法时，你就会发现，孩子远比你想象得优秀。

3. 多给孩子一些宽容和信任

通常控制欲强的父母都对孩子有着很高的要求，甚至不允许孩子犯一点儿小的错误，希望孩子做到最好。但是，每一个优秀的人都是在无数次的犯错、无数次的失败中磨炼出来的。即便是作为成年人的我们，也会时不时地犯错，也会面临各种各样的失败。所以，父母多给孩子一些宽容和信任，就能有效降低对孩子的控制欲，也能够促进培养孩子的独立能力。

当然，父母降低对孩子的控制欲，并不是说对孩子彻底放手。当孩子误入歧途时，父母要及时引导，将他们拉入正途。

优秀有很多种解析，
不要对孩子的成绩"功利第一"

在我们小的时候，每天放学做完作业后，就可以呼朋唤友出去玩。那个时候，学习是学习，生活是生活，两者有着十分明显的界线。但轮到我们的孩子时，生活与学习却交织在了一起，每天有学习不完的知识，周末辗转在各个兴趣班，忙忙碌碌，如陀螺一般。孩子为什么会如此忙碌呢？这与父母的功利心、与给孩子灌输争夺第一的思想有关。许多父母执着于"功利第一"主要有这样几个原因。

首先，与当前的社会环境有关。在教育上，主流趋势是分数考得越高，越能被好的学校录取；在职场上，只有面试、笔试综合成绩获得第一的人，才会被录用。当前的社会环境清楚地向人们透露一个信息：只有第一才会被重视，只有第一才能获得最好的资源。所以在教育孩子的时候，父母除了会执着于功利第一，也会给孩子灌输争夺第一的思想观念。

其次，为了满足自我虚荣心。我们生活在集体环境中，就免不了攀比。尤其是有了孩子之后，孩子会成为父母攀比的主要工具。孩子越优秀，就越能满足父母的虚荣心。所以，父母为了满足自己的虚荣心，就会鞭策孩子争夺第一。

孩子可以争强好胜，但前提是他有一颗无坚不摧、不畏惧失败的心。倘若缺少，孩子一遇到失败和挫折就会垂头丧气，甚至一蹶不振。尤其是敏感型孩子，不仅害怕失败，更害怕看到父母对自己的失望，失败和挫折对他们的打击也更沉重。

有这样一则新闻：有位小女孩从小到大都品学兼优，每次考试都名列前茅。这是因为妈妈对她抱有极高的期望。她在压力之下拼命学习，才会有如此出色的成绩。但是，随着课本的知识越来越高深，她的学习逐渐吃力起来，成绩更是跌出了班级前十名。

小女孩为此焦虑不已，但是任凭她如何努力，成绩就是提升不上去。比她更焦虑的是妈妈。妈妈听说服用一种"聪明药"后，可以提升学习能力。于是，妈妈久病乱投医，买来一些"聪明药"给小女孩服用。

起初，妈妈不敢给小女孩多吃，担心有副作用。但妈妈发现，"聪明药"迟迟没有发挥药效，也没有出现副作用，便给小女孩加大了用药量。神奇的是小女孩的注意力提升了，头脑也前所未有地清明，她重新考到了前几名。

令人意想不到的是，小女孩在服药一个多月后，出现了失眠、掉发的症状。妈妈见小女孩脸色蜡黄，没有精神，便意识到"聪明药"产生了副作用，于是赶紧停止给小女孩用药。但是，小女孩在停药后，精神变得恍惚起来，心里如猫抓一般难受。于是，小女孩自己偷偷去购买"聪明药"。

半年多过去了，小女孩的失眠、掉发越来越严重，甚至还时常产生幻觉。而且她的成绩也一落千丈。妈妈在察觉到小女孩有些不正常后，送她去医院治疗。医生检测发现，小女孩吃的"聪明药"是一种精神类药品。

其实，这个世界上没有"后悔药"，也没有"聪明药"，之所以有那么多人相信，只不过是自我麻痹罢了。这个案例中，小女孩为自己的成绩不好感到焦虑，是因为她感受到了妈妈施加给她的压力。而妈妈之所以给小女孩施压，是因为她对小女孩的成绩抱有强烈的功利心。

一个孩子是否优秀只能够用考试成绩来衡量吗？显然是不能的。因为衡量孩子是否优秀的标准应该是综合素质的评分。孩子成绩好，只能说明孩子有很强的学习能力，并不能证明其他方面也非常优秀。而孩子成绩不好，只能说明孩子对于考试内容掌握得不够熟练，并不能证明孩子的其他方面也非常的不堪。

优秀有很多种，父母不要执着于孩子学习成绩的第一。可能孩子的学习成绩不太出色，但他在体育、音乐上很有天赋。当父母试着去挖掘孩子的天赋时，没准会塑造出一个奥运冠军、一名知名的音乐家。因此，父母要试着挖掘孩子其他方面的优秀能力，具体应该注意以下几个方面。

1. 用欣赏的目光看待孩子

当我们用不同的目光去看待同一个事物时，就会得到不同的看法。同样，当我们用苛刻的目光看待孩子时，孩子浑身上下全是缺点。但是，当我们试着用欣赏的目光去看待孩子时，就会发现孩子身上的许多优点。因此父母用欣赏的目光看待孩子是挖掘孩子优秀能力的最佳方法之一。

2. 发现孩子的优点，并放大其优点

一颗珍珠，当它被灰尘覆盖时，与普通石子没有什么区别，只有擦去灰尘，才会熠熠生辉。每个孩子都有优点，当父母忽视孩子的优点时，孩子就会受其影响忽视自己的优点，进而不再在这方面投入时间和精力，优点就会逐渐消失。相反，当父母引导孩子将这个优点不断放大时，孩子就会变得无比优秀，无论学什么都是动力十足。所以，父母需要注重挖掘孩子的优点，并引导孩子不断培养和发挥自己的优点。当一种优点被无限放大时，孩子就会变得更加优秀。

3. 父母要放平自己的心态

正是因为父母的心态不稳，才会对孩子有很强的功利心。父母要放平自己的心态，不要总将目光盯着自己孩子和优秀孩子的对比上，而是拿孩子的现在和过去比较，找到孩子进步的地方，鼓励孩子继续努力。只有这样才能够引导和激励孩子不断前进，进而使孩子变得更加优秀。

鼓励敏感型孩子多与自己比较，
实现自我成长

有这样一则有趣的童话故事：

在一个遥远的国度里住着两个十分富有的商人。他们不知道彼此的存在，都认为自己是这个世界上最富有的人。有一天，他们从别人口中知道了彼此的存在。两个商人见面后，便争论起谁才是世上最富有的人。

一个商人说："我的钱多到可以买下这个王国，我才是这个世界上最富有的人。"

另外一个商人说："我的钱多到可以买下数不尽的稀世珍宝，我才是这个世界上最富有的人。"

两个商人为了证明自己的富有，他们不停地攀比，不停地挥霍财富。直到有一天，他们的财富被挥霍殆尽。两人从富可敌国的商人变成了穷得响叮当的乞丐，每天靠乞讨度日。

两个商人为什么会失去财富？这是因为他们在盲目攀比。而且，盲目攀比能够无限放大人的私欲，并最终迷失自己。人外有人，天外有天，他们在那个地方或许是最富有的人，但是当走出这个地方后，他们就会发现，这个世界上远比他们富有的人有很多。倘若两个商人能够和自己比较，追求财富的增长，就能源源不断地产生创造财富的动力，并最终实现财富的增长。

在成长过程中，孩子如果总是与他人做比较，且有一颗争强好胜的心，那么最终也会如故事中的两个商人一般，迷失在盲目的攀比中。敏感型孩子相较于普通孩子，更容易陷入与他人比较的漩涡中。导致孩子爱与他人比较的原因主要有以下几个方面。

父母总拿自己孩子与优秀孩子做比较，耳濡目染，孩子也会习惯性地拿自己和他人做比较。尤其是敏感型孩子更能敏锐地察觉到父母将自己和优秀孩子作对比的行为。而且，敏感型孩子在察觉到父母无比在意输赢时，也会执着于在竞争中战胜他人。

当前社会是一个充满竞争的社会，有竞争就会有比较。比如读书时要经历无数次的成绩排名，进入职场后又要经历业绩排名，这种竞争激烈的大环境使得孩子不得不去与他人比较。

当孩子的好胜心强时，也会与他人做比较。孩子的好胜心是在不知不觉中发展出来的，比如父母表现得争强好胜，孩子受父母影响，也会变得争强好胜。孩子想满足自己的好胜心，就会主动与他人做比较。

姗姗是一个敏感型女孩，很在意别人、尤其是父母的看法。父母也总是爱拿姗姗和其他孩子做比较。当姗姗比其他孩子优秀时，父母就会喜笑颜开，并一个劲儿地表扬姗姗。

姗姗喜欢父母和旁人夸奖她，于是，不知不觉中她也开始变得爱与他人做比较，事事都想争夺第一，而这一点尤其体现在学习成绩上。

姗姗很聪明，也很努力，每次考试都能获得第一，并且能比第二名高出很多分。但是这次期末考试，她不敢肯定自己能考第一了，因为班里来了一位新同学，这位同学的成绩十分优异，不管平时考试，还是竞赛，都能获得好名次。姗姗曾在一次学校竞赛中落后这位新同学好几名。

为了保住第一名，姗姗决定作弊。考试时，她偷偷地将妈妈的手机带入考场。在碰到不会的题目时，她一边防止被监考老师发现，一边将题目输入手机的解题软件。可是她作弊时被老师发现了。老师不仅没收了她的手机和试卷，而且还通知了父母。

作弊是一种极其恶劣的行为。虽然姗姗平时表现很优秀，但是学校还是给予她严厉的处罚。学校不仅把她的这次考试成绩判为零分，还通报批评了她的作弊行为。当然，她也受到了父母的严厉批评。

姗姗是个敏感型女孩，她为自己的作弊行为感到无比后悔，但她更不敢面对父母、老师那对她失望的目光以及同学们的嘲笑。此后，姗姗出现了厌学情绪，成绩也一落千丈。

有比较，就会有输赢，没有人能够百战百胜。父母要告诉孩子，如果总拿自己和他人做比较，就要做好面临失败的准备。

敏感型孩子更在意成败。敏感型孩子在面临失败的时候，如果没有人能够引导他们走出攀比的怪圈，他们的身心就会因为攀比受到深深的伤害。如事例中的姗姗，她习惯与他人做比较，对输赢很在意，这使得她逐渐迷失了自我，作出了偏激的事情。此外，当敏感型孩子面临失败的次数多了，内心就会产生强烈的挫败感，渐渐变得自卑、懦弱。可见，与其他孩子做比较是一种很不明智的行为。

不管是父母拿孩子与优秀孩子做比较，还是孩子自己与其他孩子做比较，都是没有可比性的，因为每个孩子的情况各不相同，各有所长。无论是拿孩子的优点和其他孩子的缺点比，还是拿孩子的缺点和其他孩子的优点比，都无法令孩子实现自我成长。父母唯有鼓励孩子多与自己做比较，才能使自己变得更优秀。父母在引导孩子多与自己做比较的过程中，需要注意以下几点。

1. 父母要以身作则

孩子是父母的影子，父母有什么样的习性，孩子也会养成相同的习性。比如，在生活中，父母总爱和别人比较，孩子就会有样学样，也爱和别人比较。所以，父母要以身作则，检讨自己是否有爱与人比较的习惯，如果有，就要尽可能地改掉这个不良习惯，尤其是不要在孩子面前与他人比较。父母只有给孩子树立一个好的榜样，孩子才会健康成长。

2. 培养孩子树立正确的价值观

争强好胜、爱与他人比较等，这些都是不好的行为。如果孩子有这样的行为，必然是受到了生活环境的影响。比如，父母时常给孩子灌输争强好胜、与人攀比等这样的思想观念。因为孩子就像一张白纸，父母在上面书写什么，就会呈现什么内容。因此，在孩子很小的时候，父母就要培养孩子树立正确的价值观。当孩子拥有积极向上的价值观时，就不会贸然地拿自己和别人做比较，只会多与自己做比较，比较自己是否获得了进步，以及怎样做才能获得更大的进步。

3. 引导孩子不要过于执着胜负

事物都有两面性，胜负欲既有好的一面，也有坏的一面。因此父母要教育孩子把握好胜负欲的尺度。因为当人们胜负欲过重时，可能会行事偏激，导致走入死胡同；当人们胜负欲适当时，就会行事积极，不断地获得进步。孩子可以有胜负欲，但不能执着于胜负。所以，父母需要引导孩子控制好胜负欲。当孩子的胜负欲没有那么强烈时，就不会执着于与他人比较，也就不会陷入攀比的陷阱，而是追求个人的成长和进步。

生活再忙，
也要给予敏感型孩子足够陪伴

儿童心理学认为：儿童时期，一个人与父母的关系模式，决定了他长大以后处理人际关系的方式。并且，孩子年龄越小，这种影响就越大。

很多父母，怎么看都是非常好的父母。尽管他们一直对孩子关爱有加，只是在某个阶段没有满足敏感型孩子被充分关爱和关注的需求，但敏感型孩子的潜意识里还是会留下"父母不好"的印象。

这很容易理解，因为儿童时期是一个人最脆弱的时候，几乎一切事情都需要亲人的帮助和照顾。如果这个时候父母没有及时出现，他就要独自面对饥饿、恐惧、冰冷和黑暗。这时，敏感型孩子的幼小心灵就会很主观地形成一种结论：我被父母扔给了黑暗，他们不是好父母。

当然，多数情况下，如果父母能够及时地做出弥补，给予孩子充分的关爱和关注，敏感型孩子对父母的这种"不良印象"就会逐渐被"好印象"取代。倘若亲子关系持续不好，敏感型孩子在家中感受不到温暖和爱意，这种"不良印象"就会被持续加深，最终深陷孤独的敏感型孩子会偏执地认为："我痛苦，都是别人的责任！"——他甚至会因此仇视所有人。

著名畅销书作家张德芬说："原生家庭对一个人的影响是一辈子的。"事实也是如此，一个人从出生到成长，家庭影响会在他身上刻下入骨的印记。

大多数童年灰暗的敏感型孩子长大后都活得很挣扎。尽管有些人表面看上去风轻云淡，甚至在人前光芒四射，实际上他们的内心千疮百孔。

迈克尔·杰克逊走了。众所周知，这位世界级偶像的人生并不快乐。他不止一次地说过："我是人世间最孤独的人"。

杰克逊 5 岁那年，父亲将他和四个哥哥组成"杰克逊五兄弟"乐团。他的童年就是在从早到晚不停地排练中度过的。周末在人们尽情娱乐，他却四处奔波，直到星期一的凌晨四五点，才可以回家睡觉。即便他如此努力，小小年纪就取得了非常大的成就，也得不到父亲的赞许，仍然时常遭到父亲的打骂。

心理学研究表明：12 岁前的敏感型孩子价值观、判断能力尚未建立或正在完善中，父母的话就是权威。当他们不能达到父母过高的期望而被否定、责怪时，他们即便再有委屈，内心深处仍然坚信父母是正确的。杰克逊长大后的"强迫行为、自卑心理"等，应当和父亲对他的否定评价有关。

父亲还时常嘲笑他："天哪，这鼻子真大，这可不是从我这里遗传的！"生性敏感的杰克逊说，这些评价让他非常难堪，"想把自己藏起来，恨不得死掉算了。可我还得继续上台，接受别人的打量"。其后，迈克尔·杰克逊开始了"自我伤害"，多次忍受着巨大的痛苦去整容。这应当和他童年的这段痛苦经历有关。

著名作家林海音曾说过："每个人生理上的童年终将消逝，但心灵的童年总会伴随终生。"童年不幸的敏感型孩子，也许终其一生都活在不幸之中。

人的思维是这样的：他在潜意识中把自己想成什么样，最终就会变成什么样。潜意识决定了一个人是痛苦还是快乐。如果孩子敏感地认为，自己的童年很痛苦，潜意识就会把这种痛苦植入内心深处，很难被拭去。而孩子的童年是什么样子，决定权在于父母。

完全可以这样说，人格有缺陷的孩子，都在教育上有缺失，而最好的教育，就是亲子教育。父母能给孩子最好的爱，就是与孩子在一起，陪伴他们身心健康地长大。

然而，很多父母尽管花了很多时间来陪伴孩子，但是并不懂得陪伴的真谛，因而做出了很多错误之举，反而使陪伴成了孩子的负担，给孩子的成长带来更加严重的负面影响。比如以下这些错误。

1. 不能控制好自己的情绪

有些父母在陪伴孩子时很焦躁，总是对孩子大呼小叫。如果父母在陪伴孩子的时候，无法控制自己的情绪，经常向孩子宣泄负面的情绪，还不如不陪伴孩子。

父母的情绪波动，会使敏感型孩子紧张不安，会使他们的身心难以舒展，从而导致他们本就敏感的内心变得更加敏感、躁动、易怒、情绪化，从而影响了他们的健康生长。

所以，父母不管是陪孩子写作业还是玩小游戏，抑或带孩子去购物、旅行，切记：尽量给孩子愉悦的情感体验，让敏感型孩子获得心理上的安全感。只有这样，他们才能放松、勇敢地探索和认知这个世界。

2. 只陪伴不互动

很多父母觉得，陪伴孩子，就是花时间和他们在一起。所以很多父母虽然人和孩子在一起，心却在电视剧、手机或其他事情上，对于孩子的互动需求置之不理。这种陪伴只能说是"假陪伴",敏感型孩子感受到的只是父母的敷衍、忽视和冷漠。所以这种"假陪伴"并不能增进亲子关系,也不能给予孩子真正的教育。

对敏感型孩子有帮助的陪伴,决不能缺少全身心的投入和回应。父母应该在孩子想与你互动的时候表现得兴致勃勃,并且对他提出的问题给予耐心地解答。父母应该努力走进孩子的世界,让孩子感受到,你一直陪伴在他的世界里,而不是"人在眼前,心在天边"。

3. 过多地包揽、干涉和控制

在陪伴孩子时,有很多父母立刻化身全职保姆或者专制君主,什么事情都想包揽,什么事情都想干涉,什么事情都想控制,既搞得自己疲惫不堪,又让孩子很反感。

过多的干涉和控制,势必会妨碍孩子的发展,尤其容易干扰敏感型孩子的注意力,破坏敏感型孩子自己的成长节奏。蒙台梭利告诉我们:"除非你被孩子邀请,否则永远不要去打扰孩子。"高质量的陪伴应该是这样的:父母能看到孩子的真正需求,并给予他们必要的帮助,但不是过度帮助、干涉和控制。在安全的范围内,父母尽量地让孩子用自己的方式去感知世界。

其实,最好的陪伴,就是父母和孩子一起成长,给孩子树立一个"看得见"的好榜样。当敏感型孩子耳濡目染了父母的美好形象后,也会自觉地向父母看齐。其实,陪伴孩子,又何尝不是一种"双向陪伴"呢?